全国一级建造师执业资格考试历年真题+冲刺试卷

机电工程管理与实务
历年真题+冲刺试卷

全国一级建造师执业资格考试历年真题+冲刺试卷编写委员会　编写

中国建筑工业出版社

图书在版编目（CIP）数据

机电工程管理与实务历年真题+冲刺试卷／全国一级建造师执业资格考试历年真题+冲刺试卷编写委员会编写. 北京：中国建筑工业出版社，2024.12. --（全国一级建造师执业资格考试历年真题+冲刺试卷）. -- ISBN 978-7-112-30708-1

Ⅰ. TH-44

中国国家版本馆 CIP 数据核字第 2024RK1897 号

责任编辑：李笑然
责任校对：赵 力

全国一级建造师执业资格考试历年真题+冲刺试卷

机电工程管理与实务
历年真题+冲刺试卷

全国一级建造师执业资格考试历年真题+冲刺试卷编写委员会　编写

*

中国建筑工业出版社出版、发行（北京海淀三里河路9号）
各地新华书店、建筑书店经销
北京鸿文瀚海文化传媒有限公司制版
天津画中画印刷有限公司印刷

*

开本：787毫米×1092毫米　1/16　印张：10¼　字数：231千字
2024年12月第一版　2024年12月第一次印刷
定价：**40.00**元（含增值服务）
ISBN 978-7-112-30708-1
（44017）

版权所有　翻印必究
如有内容及印装质量问题，请与本社读者服务中心联系
电话：（010）58337283　　QQ：2885381756
（地址：北京海淀三里河路9号中国建筑工业出版社604室　邮政编码：100037）

前　言

"全国一级建造师执业资格考试历年真题+冲刺试卷"丛书是严格按照现行全国一级建造师执业资格考试大纲的要求，根据全国一级建造师执业资格考试用书，在全面锁定考纲与教材变化、准确把握考试新动向的基础上编写而成的。

本套丛书分为八个分册，分别是《建设工程经济历年真题+冲刺试卷》《建设工程项目管理历年真题+冲刺试卷》《建设工程法规及相关知识历年真题+冲刺试卷》《建筑工程管理与实务历年真题+冲刺试卷》《机电工程管理与实务历年真题+冲刺试卷》《市政公用工程管理与实务历年真题+冲刺试卷》《公路工程管理与实务历年真题+冲刺试卷》《水利水电工程管理与实务历年真题+冲刺试卷》，每分册中包含五套历年真题及三套考前冲刺试卷。

本套丛书秉承了"探寻考试命题变化轨迹"的理念，对历年考题赋予专业的讲解，全面指导应试者答题方向，悉心点拨应试者的答题技巧，从而有效突破应试者的固态思维。在习题的编排上，体现了"原创与经典"相结合的原则，着力加强"能力型、开放型、应用型和综合型"试题的开发与研究，注重与知识点所关联的考点、题型、方法的再巩固与再提高，并且题目的难易程度和形式尽量贴近真题。另外，各科目均配有一定数量的最新原创题目，以帮助考生把握最新考试动向。

本套丛书可作为考生导学、导练、导考的优秀辅导材料，能使考生举一反三、融会贯通、查漏补缺，为考生最后冲刺助一臂之力。

由于编写时间仓促，书中难免存在疏漏之处，望广大读者不吝赐教。衷心希望广大读者将建议和意见及时反馈给我们，我们将在以后的工作中予以改进。

读者如果对图书中的内容有疑问或问题，可关注微信公众号【建造师应试与执业】，与图书编辑团队直接交流。

建造师应试与执业

目 录

全国一级建造师执业资格考试答题方法及评分说明

2020—2024年《机电工程管理与实务》真题分值统计

2024年度全国一级建造师执业资格考试《机电工程管理与实务》真题及解析

2023年度全国一级建造师执业资格考试《机电工程管理与实务》真题及解析

2022年度全国一级建造师执业资格考试《机电工程管理与实务》真题及解析

2021年度全国一级建造师执业资格考试《机电工程管理与实务》真题及解析

2020年度全国一级建造师执业资格考试《机电工程管理与实务》真题及解析

《机电工程管理与实务》考前冲刺试卷（一）及解析

《机电工程管理与实务》考前冲刺试卷（二）及解析

《机电工程管理与实务》考前冲刺试卷（三）及解析

全国一级建造师执业资格考试答题方法及评分说明

全国一级建造师执业资格考试设《建设工程经济》《建设工程项目管理》《建设工程法规及相关知识》三个公共必考科目和《专业工程管理与实务》十个专业选考科目（专业科目包括建筑工程、公路工程、铁路工程、民航机场工程、港口与航道工程、水利水电工程、矿业工程、机电工程、市政公用工程和通信与广电工程）。

《建设工程经济》《建设工程项目管理》《建设工程法规及相关知识》三个科目的考试试题为客观题。《专业工程管理与实务》科目的考试试题包括客观题和主观题。

一、客观题答题方法及评分规则

1. 客观题答题方法

客观题题型包括单项选择题和多项选择题。对于单项选择题来说，备选项有 4 个，选对得分，选错不得分也不扣分，建议考生宁可错选，不可不选。对于多项选择题来说，备选项有 5 个，在没有把握的情况下，建议考生宁可少选，不可多选。

在答题时，可采取下列方法：

（1）直接法。这是解常规的客观题所采用的方法，就是考生选择认为一定正确的选项。

（2）排除法。如果正确选项不能直接选出，应首先排除明显不全面、不完整或不正确的选项，正确的选项几乎是直接来自于考试教材或者法律法规，其余的干扰选项要靠命题者自己去设计，考生要尽可能多排除一些干扰选项，这样就可以提高选择出正确答案的概率。

（3）比较法。直接把各个备选项加以比较，并分析它们之间的不同点，集中考虑正确答案和错误答案关键所在。仔细考虑各个备选项之间的关系。不要盲目选择那些看起来、读起来很有吸引力的错误选项，要去误求正、去伪存真。

（4）推测法。利用上下文推测词义。有些试题要从句子中的结构及语法知识推测入手，配合考生自己平时积累的常识来判断其义，推测出逻辑的条件和结论，以期将正确的选项准确地选出。

2. 客观题评分规则

客观题部分采用机读评卷，必须使用 2B 铅笔在答题卡上作答，考生在答题时要严格按照要求，在有效区域内作答，超出区域作答无效。每个单项选择题只有 1 个备选项最符合题意，就是 4 选 1。每个多项选择题有 2 个或 2 个以上备选项符合题意，至少有 1 个错项，就是 5 选 2~4，并且错选本题不得分，少选，所选的每个选项得 0.5 分。考生在涂卡时应注意答题卡上的选项是横排还是竖排，不要涂错位置。涂卡应清晰、厚实、完整，保持答题卡干净整洁，涂卡时应完整覆盖且不超出涂卡区域。修改答案时要先用橡皮擦将原涂卡处擦干净，再涂新答案，避免在机读评卷时产生干扰。

二、主观题答题方法及评分规则

1. 主观题答题方法

主观题题型是实务操作和案例分析题。实务操作和案例分析题是通过背景资料阐述一个项目在实施过程中所开展的相应工作，根据这些具体的工作提出若干小问题。

实务操作和案例分析题的提问方式及作答方法如下：

（1）补充内容型。一般应按照教材将背景资料中未给出的内容都回答出来。

（2）判断改错型。首先应在背景资料中找出问题并判断是否正确，然后结合教材、相关规范进行改正。需要注意的是，考生在答题时，有时不能按照工作中的实际做法来回答问题，因为根据实际做法作为答题依据得出的答案和标准答案之间存在很大差距，即使答了很多，得分也很低。

（3）判断分析型。这类型题不仅要求考生答出分析的结果，还需要通过分析背景资料来找出问题的突破口。需要注意的是，考生在答题时要针对问题作答。

（4）图表表达型。结合工程图及相关资料表回答图中构造名称、资料表中缺项内容。需要注意的是，关键词表述要准确，避免画蛇添足。

（5）分析计算型。充分利用相关公式、图表和考点的内容，计算题目要求的数据或结果。最好能写出关键的计算步骤，并注意计算结果是否有保留小数点的要求。

（6）简单论答型。这类型题主要考查考生记忆能力，一般情节简单、内容覆盖面较小。考生在回答这类型题时要直截了当，有什么答什么，不必展开论述。

（7）综合分析型。这类型题比较复杂，内容往往涉及不同的知识点，要求回答的问题较多，难度很大，也是考生容易失分的地方。要求考生具有一定的理论水平和实际经验，对教材知识点要熟练掌握。

2. 主观题评分规则

主观题部分评分是采取网上评分的方法来进行，为了防止出现评卷人的评分宽严度差异对不同考生产生的影响，每个评卷人员只评一道题的分数。每份试卷的每道题均由2位评卷人员分别独立评分，如果2人的评分结果相同或很相近（这种情况比例很大），就按2人的平均分为准。如果2人的评分差异较大（超过4~5分，出现这种情况的概率很小），就由评分专家再独立评分一次，然后以专家所评的分数和与专家评分接近的那个分数的平均分数为准。

主观题部分评分标准一般以准确性、完整性、分析步骤、计算过程、关键问题的判别方法、概念原理的运用等为判别核心。标准一般按要点给分，只要答出要点基本含义一般就会给分，不恰当的错误语句和文字一般不扣分，要点分值最小一般为0.5分。

主观题部分作答时必须使用黑色墨水笔书写作答，不得使用其他颜色的钢笔、铅笔、签字笔和圆珠笔。作答时字迹要工整、版面要清晰。因此书写不能离密封线太近，密封后评卷人不容易看到；书写的字不能太粗太密太乱，最好买支极细笔，字体稍微书写大点、工整点，这样看起来工整、清晰，评卷人也愿意多给分。

主观题部分作答应避免答非所问，因此考生在考试时要答对得分点，答出一个得分点就给分，说得不完全一致，也会给分，多答不会给分的，只会按点给分。不明确用到什么规范的情况就用"强制性条文"或者"有关法规"代替，在回答问题时，只要有可能，就在答题的内容前加上这样一句话：根据有关法规或根据强制性条文，通常这些是得分点之一。

主观题部分作答应言简意赅，并多使用背景资料中给出的专业术语。考生在考试时应相信第一感觉，很多考生在涂改答案过程中往往把原来对的改成错的，这种情形很多。在确定完全答对时，就不要展开论述，也不要写多余的话，能用尽量少的文字表达出正确的意思就好，这样评卷人看得舒服，考生也能省时间。如果答题时发现错误，不得使用涂改液等修改，应用笔画个框圈起来，打个"×"即可，然后再找一块干净的地方重新书写。

2020—2024年《机电工程管理与实务》真题分值统计

命题点			题型	2020年（分）	2021年（分）	2022年（分）	2023年（分）	2024年（分）
第1篇 机电工程技术	第1章 机电工程常用材料与设备	1.1 机电工程常用材料	单项选择题	1				1
			多项选择题		2	2	2	
			实务操作和案例分析题					
		1.2 机电工程常用设备	单项选择题	1				1
			多项选择题		2	2	2	
			实务操作和案例分析题					
	第2章 机电工程专业技术	2.1 工程测量技术	单项选择题	1				1
			多项选择题		2	2	2	
			实务操作和案例分析题	4				
		2.2 起重技术	单项选择题					1
			多项选择题	2	2	2	2	
			实务操作和案例分析题	12		4		10
		2.3 焊接技术	单项选择题					1
			多项选择题	2	2	2	2	
			实务操作和案例分析题					
	第3章 建筑机电工程施工技术	3.1 建筑给水排水与供暖工程施工技术	单项选择题		1	1	1	1
			多项选择题	2				
			实务操作和案例分析题				4	
		3.2 建筑电气工程施工技术	单项选择题		1	1	1	1
			多项选择题	2				
			实务操作和案例分析题					10
		3.3 通风与空调工程施工技术	单项选择题		1	1	1	1
			多项选择题	2				
			实务操作和案例分析题		17	17	4	19
		3.4 智能化系统工程施工技术	单项选择题		1	1	1	1
			多项选择题	2				
			实务操作和案例分析题			3		
		3.5 电梯工程安装技术	单项选择题	1	1	1	1	1
			多项选择题					
			实务操作和案例分析题			13		9
		3.6 消防工程施工技术	单项选择题	1	1	1	1	1
			多项选择题					
			实务操作和案例分析题				3	

续表

命题点			题型	2020年（分）	2021年（分）	2022年（分）	2023年（分）	2024年（分）
第1篇 机电工程技术	第4章 工业机电工程安装技术	4.1 机械设备安装技术	单项选择题		1	1	1	1
			多项选择题	2				
			实务操作和案例分析题		20	7	15	4
		4.2 工业管道施工技术	单项选择题	1	1	1	1	1
			多项选择题	2	2			
			实务操作和案例分析题	24	10	7	13	
		4.3 电气装置安装技术	单项选择题		1	1	1	1
			多项选择题	2	2			
			实务操作和案例分析题	10	10	6	10	
		4.4 自动化仪表工程安装技术	单项选择题	1	1	1	1	1
			多项选择题					
			实务操作和案例分析题		5			
		4.5 防腐蚀工程施工技术	单项选择题		1	1	1	1
			多项选择题					
			实务操作和案例分析题					
		4.6 绝热工程施工技术	单项选择题	1	1	1	1	1
			多项选择题					
			实务操作和案例分析题	3				5
		4.7 石油化工设备安装技术	单项选择题		1	1	1	
			多项选择题	2				2
			实务操作和案例分析题			7	6	10
		4.8 发电设备安装技术	单项选择题	1	1	1	1	
			多项选择题					2
			实务操作和案例分析题	6			17	
		4.9 冶炼设备安装技术	单项选择题		1	1		
			多项选择题					2
			实务操作和案例分析题					18
第2篇 机电工程相关法规与标准	第5章 相关法规	5.1 计量的规定	单项选择题	1				1
			多项选择题		2	2		
			实务操作和案例分析题					
		5.2 建设用电及施工的规定	单项选择题	1				1
			多项选择题			2		
			实务操作和案例分析题					
		5.3 特种设备的规定	单项选择题	1			1	1
			多项选择题			2		
			实务操作和案例分析题	5		5		
	第6章 相关标准	6.1 建筑机电工程设计与施工标准	单项选择题				1	
			多项选择题		2	2		2
			实务操作和案例分析题	4	6			2

续表

命题点			题型	2020年(分)	2021年(分)	2022年(分)	2023年(分)	2024年(分)
第2篇 机电工程相关法规与标准	第6章 相关标准	6.2 工业机电工程设计与施工标准	单项选择题	1				
			多项选择题		2	2		2
			实务操作和案例分析题					
第3篇 机电工程项目管理实务	第7章 机电工程企业资质与施工组织	7.1 机电工程企业资质	单项选择题					
			多项选择题					
			实务操作和案例分析题					1
		7.2 施工项目管理机构	单项选择题			1		
			多项选择题					
			实务操作和案例分析题					
		7.3 施工组织设计	单项选择题	1	1			
			多项选择题				2	2
			实务操作和案例分析题	5	9		18	5
	第8章 施工招标投标与合同管理	8.1 工程招标投标	单项选择题			1		
			多项选择题					
			实务操作和案例分析题					5
		8.2 工程合同管理	单项选择题		1	1		
			多项选择题				2	
			实务操作和案例分析题		12	7		4
	第9章 施工进度管理	9.1 施工进度计划	单项选择题					
			多项选择题					
			实务操作和案例分析题	5			6	
		9.2 施工进度控制	单项选择题				1	
			多项选择题					
			实务操作和案例分析题					
		9.3 工程费用-进度偏差分析与控制	单项选择题					
			多项选择题					
			实务操作和案例分析题	7		7		
	第10章 施工质量管理	10.1 施工质量控制策划	单项选择题					
			多项选择题					
			实务操作和案例分析题					
		10.2 施工质量预控	单项选择题					
			多项选择题					
			实务操作和案例分析题					
		10.3 施工质量检验	单项选择题	1				
			多项选择题					
			实务操作和案例分析题	6				

续表

命题点			题型	2020年（分）	2021年（分）	2022年（分）	2023年（分）	2024年（分）
第3篇 机电工程项目管理实务	第10章 施工质量管理	10.4 施工质量统计与分析	单项选择题					
			多项选择题					
			实务操作和案例分析题	5				
		10.5 施工质量问题和质量事故处理	单项选择题					
			多项选择题					
			实务操作和案例分析题	3				
	第11章 施工成本管理	11.1 施工图预算	单项选择题		1			
			多项选择题				2	
			实务操作和案例分析题					
		11.2 施工成本分析与控制	单项选择题					
			多项选择题				2	
			实务操作和案例分析题			4		
		11.3 项目资金管理	单项选择题			1		
			多项选择题					2
			实务操作和案例分析题					
	第12章 施工安全管理	12.1 安全风险管理策划	单项选择题					
			多项选择题					
			实务操作和案例分析题			6		
		12.2 施工安全管理规定与实施	单项选择题	1				
			多项选择题					
			实务操作和案例分析题		5		4	
		12.3 施工安全事故处理与职业健康	单项选择题					
			多项选择题					
			实务操作和案例分析题	7				
	第13章 绿色建造及施工现场环境管理	13.1 绿色施工	单项选择题					
			多项选择题					
			实务操作和案例分析题				6	6
		13.2 施工现场环境管理	单项选择题					
			多项选择题					
			实务操作和案例分析题					5
	第14章 机电工程项目资源与协调管理	14.1 人力资源管理	单项选择题					
			多项选择题					
			实务操作和案例分析题	3		8	6	
		14.2 工程设备管理	单项选择题	1	1			
			多项选择题				2	
			实务操作和案例分析题		11	9	5	

续表

命题点			题型	2020年（分）	2021年（分）	2022年（分）	2023年（分）	2024年（分）
第3篇 机电工程项目管理实务	第14章 机电工程项目资源与协调管理	14.3 工程材料管理	单项选择题					
			多项选择题					
			实务操作和案例分析题					
		14.4 施工机械管理	单项选择题				1	
			多项选择题					2
			实务操作和案例分析题			5		
		14.5 施工协调管理	单项选择题			1	1	
			多项选择题					
			实务操作和案例分析题	3				
	第15章 机电工程试运行及竣工验收管理	15.1 试运行管理	单项选择题	1		1		
			多项选择题					
			实务操作和案例分析题		6	3		3
		15.2 竣工验收管理	单项选择题	1	1			
			多项选择题					2
			实务操作和案例分析题	8	5		5	
	第16章 机电工程运维与保修管理	16.1 运维管理	单项选择题					
			多项选择题					2
			实务操作和案例分析题					4
		16.2 保修与回访管理	单项选择题					
			多项选择题					
			实务操作和案例分析题				4	
合计			单项选择题	20	20	20	20	20
			多项选择题	20	20	20	20	20
			实务操作和案例分析题	120	120	120	120	120

2024年度全国一级建造师执业资格考试

《机电工程管理与实务》

真题及解析

微信扫一扫
查看本年真题解析课

2024年度《机电工程管理与实务》真题

一、单项选择题（共20题，每题1分。每题的备选项中，只有1个最符合题意）

1. 下列合金中，不属于有色合金的是（　　）。
   A. 钛合金　　　　　　　　　　B. 钼合金
   C. 铬合金　　　　　　　　　　D. 锆合金

2. 下列发电系统中，不包含汽轮机设备的是（　　）。
   A. 火力发电系统　　　　　　　B. 风力发电系统
   C. 核能发电系统　　　　　　　D. 光热发电系统

3. 在每道工序完成后，检查工程实际位置及标高是否符合设计要求的测量是（　　）。
   A. 放线测量　　　　　　　　　B. 竣工测量
   C. 过程测量　　　　　　　　　D. 定位测量

4. 与吊索钢丝绳安全系数有关的是（　　）。
   A. 吊索公称直径　　　　　　　B. 吊索捆绑方式
   C. 吊索受力角度　　　　　　　D. 吊索强度等级

5. 下列金属板材焊接时，不能采用钨极惰性气体保护焊的是（　　）。
   A. 锌板　　　　　　　　　　　B. 钢板
   C. 镍板　　　　　　　　　　　D. 钛板

6. 关于中水管道安装的说法，正确的是（　　）。
   A. 中水给水管道可以装设取水水嘴　　B. 中水管道外壁应涂浅绿色的标志
   C. 中水管道不可与排水管道平行埋设　D. 中水管道应暗装于墙体和楼板内

7. 灯具到达施工现场的检查内容不包括（　　）。
   A. Ⅰ类灯具的金属外壳应有专用的接地端子
   B. 消防应急灯具应有消防产品合格证认证标志
   C. 水下灯具应有省级检测机构的检测报告
   D. 抽样检测灯具的绝缘电阻值不应小于2MΩ

8. 空调水系统关机时，应首先关闭的设备是（　　）。
   A. 冷却水泵　　　　　　　　　B. 冷却水塔
   C. 冷冻水泵　　　　　　　　　D. 制冷机组

9. 某工程包含6套给水监控系统，调试检测的数量最少是（　　）。
A. 2套
B. 3套
C. 5套
D. 6套

10. 关于自动扶梯整机验收时的绝缘电阻值的说法，错误的是（　　）。
A. 信号电路的绝缘电阻值不得小于0.25MΩ
B. 动力电路的绝缘电阻值不得小于0.25MΩ
C. 控制电路的绝缘电阻值不得小于0.25MΩ
D. 照明电路的绝缘电阻值不得小于0.25MΩ

11. 下列分项工程中，不属于气体灭火系统的是（　　）。
A. 动力气体容器安装
B. 预制灭火系统安装
C. 灭火剂储存装置安装
D. 灭火剂输送管道安装

12. 下列地脚螺栓中，属于长地脚螺栓的是（　　）。
A. 弯钩螺栓
B. U形螺栓
C. 对拧式螺栓
D. 爪式螺栓

13. 适用于闭式循环冲洗技术的管道系统是（　　）。
A. 工厂供热系统
B. 建筑排水系统
C. 生活给水系统
D. VRV空调系统

14. 变压器充干燥气体运输时，油箱内的气体压力应保持在（　　）。
A. 1~10kPa
B. 10~30kPa
C. 30~50kPa
D. 50~80kPa

15. 关于自动化仪表调试的做法，正确的是（　　）。
A. 仪表试验时电源电压应保持稳定
B. 回路试验可在系统投用后进行
C. 试验用仪表基本误差的绝对值大于被测仪表
D. 单台仪表的校准点在仪表全量程内随机选取

16. 下列金属腐蚀现象中，不属于局部腐蚀的是（　　）。
A. 均匀腐蚀
B. 缝隙腐蚀
C. 电偶腐蚀
D. 晶间腐蚀

17. 金属反射绝热结构施工中，不可选用的金属材料是（　　）。
A. 低辐射铝箔
B. 亚光不锈钢板
C. 镀膜薄钢板
D. 抛光镍合金板

18. 衡量计算器具质量和水平的主要指标中，不包括（　　）。
A. 溯源性
B. 超然性
C. 鉴别率
D. 稳定性

19. 关于在电力杆塔周围取土的说法，正确的是（　　）。
A. 110kV杆塔的4m外可以取土
B. 220kV杆塔的5m外可以取土
C. 330kV杆塔的6m外可以取土
D. 500kV杆塔的7m外可以取土

20. 关于电梯安装、改造、修理的说法，正确的是（　　）。
A. 电梯安装只能由取得相应安装许可资质的单位实施
B. 电梯安装单位必须对所安装的电梯安全性能负责

C. 电梯安装单位需对所安装的电梯进行校验和调试
D. 电梯的制造单位可以安装本单位生产的各类电梯

二、**多项选择题**（共10题，每题2分。每题的备选项中，有2个或2个以上符合题意，至少有1个错项。错选，本题不得分；少选，所选的每个选项得0.5分）

21. 圆柱形金属储罐制作时，为防止变形而采用的措施有（　　）。
A. 储罐排板时应尽量使焊缝集中
B. 储罐排板时安排焊缝对称布置
C. 采取对称焊方法减小焊接变形
D. 边缘板对接接头间隙外大内小
E. 用弧形板定位控制纵缝角变形

22. 散件到货的汽轮机组安装程序中，联轴器安装后的工序有（　　）。
A. 轴承安装
B. 盘车装置安装
C. 隔板安装
D. 调节系统安装
E. 汽缸保温

23. 制氧设备管道脱脂的检验方法有（　　）。
A. 滤纸擦拭法
B. 紫光照射法
C. 樟脑检测法
D. 火焰检测法
E. 溶剂分析法

24. 关于洁净手术室净化空调系统的说法，正确的有（　　）。
A. Ⅰ级洁净手术室应每间采用独立的净化空调系统
B. Ⅱ级洁净手术室应每间采用独立的净化空调系统
C. Ⅲ级洁净手术室由3~5间合用一个净化系统
D. 净化空调系统可为集中式或回风自循环处理方式
E. 负压手术室的室内回风口入口处必须设置高效过滤器

25. 关于高温环境下的钢结构采取保护措施的说法，正确的有（　　）。
A. 受到炽热熔化金属侵害时采用耐热固体材料做防护隔热
B. 受到短时间火焰直接作用时采用耐热辐射屏蔽措施
C. 高强度螺栓长期受热200℃以上时用隔热涂层防护
D. 钢结构的承载力不能满足要求时采取水套隔热降温
E. 钢结构温度超过150℃时应进行结构温度作用验算

26. 关于竣工档案组卷的说法，正确的有（　　）。
A. 工程准备阶段的文件应按建设程序进行组卷
B. 施工文件应按单位工程和分部分项工程进行组卷
C. 竣工图纸应按分部分项工程分专业进行组卷
D. 竣工验收文件应按单位工程分专业进行组卷
E. 电子文件的多级文件夹可以简化成一个案卷

27. 考核项目资金使用效果的主要指标有（　　）。
A. 资金周转率
B. 资金产值率
C. 资金成本率
D. 资金利用率
E. 资金储备率

28. 施工机械的技术管理要求包括（   ）。
   A. 严格上岗制度   B. 延长正常使用期限
   C. 减少机械闲置   D. 减少施工机械磨损
   E. 保持状态良好

29. 工程结算价款支付申请应载明的内容包括（   ）。
   A. 竣工结算合同价款总额   B. 工程施工索赔金额
   C. 累计已实际支付的合同价款   D. 应预留的质量保证金
   E. 实际应支付的竣工结算价款金额

30. 下列工作内容中，属于工程维护的有（   ）。
   A. 建立运行制度   B. 日常设备清理
   C. 更换易损部件   D. 质量问题保修
   E. 编制回访计划

三、实务操作和案例分析题（共5题，（一）、（二）、（三）题各20分，（四）、（五）题各30分）

（一）

背景资料：

某机电安装公司总承包一大型商务办公楼的机电工程。承包范围：建筑给水排水、建筑电气、空调通风、消防和电梯（12部曳引式电梯）等安装工程。

在编制项目施工管理规划时，安装公司要求项目部对文明施工管理做出总体布置，编制文明施工实施细则，加强施工总平面的布置和管理，合理布置和安放施工期间现场所需的设备、材料等，并明确设备、材料等物资的需用量。曳引式电梯机房的设备布置如图1所示；安装驱动主机的承重梁采用钢板制作；承重梁制作安装完成，项目部自检合格后，即用混凝土浇筑固定。

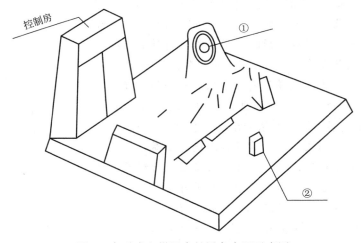

图1 曳引式电梯机房的设备布置示意图

商务楼机电工程为安装公司的年度重点工程，需参加建设单位组织的"绿色施工评价"。项目部按要求编制单位工程绿色施工评价资料，内容包括：反映绿色施工要求的图纸会审记录，施工组织设计的绿色施工章节和绿色施工要求；绿色施工技术交底和实施记录；单位工程绿色施工评价汇总表和总结报告；单位工程绿色施工相关方验收及确认表；反映绿色施工评价的照片和影像资料等。

问题：

1. 施工总平面布置时需要确定哪些图纸？对施工现场所需要的设备、材料还需明确哪些内容？

2. 图1中的①、②分别表示什么部件？除机房外曳引式电梯还有哪些组成部分？

3. 制作驱动主机承重梁的钢板厚度最小是多少？项目部在承重梁浇筑固定前还应完成哪项工作？

4. 单位工程绿色施工评价应在什么时候提出申请？单位工程绿色施工评价资料中还需补充哪几个评价表？

（二）

背景资料：

某天然气处理厂采用公开招标的方式选择施工承包商 A、B、C、D、E 五家公司通过资格预审，在电子招标投标交易平台进行投标。

A 公司技术标书的施工组织设计纲要中，主要描述了：项目施工组织机构及主要成员情况；施工进度计划及保证措施；职业健康、安全、环境保证措施；主要施工装备配备计划；主要设备及专项施工方案编制。C 公司发送未经过加密的商务标书，被交易平台拒收。最终 B 公司中标。

丙烷制冷塔高度为 71m，分两段到货，现场组焊，整体吊装。塔体到达现场后，B 公司组织到货验收，检查了塔体分段处的圆度、坡口质量、筒体直线度和长度、筒体上接管中心方位和标高，裙座底板上的地脚螺栓孔中心圆直径、相邻两孔弦长偏差，均符合要求。塔体经组焊、压力试验后项目部编制了整体吊装专项方案，审批后进行技术、安全交底；塔体按设计要求吊装到位（图 2）。在早上 9 点阳光斜照时，进行塔体垂直度调整：测点 1 与塔中心线的连线与测点 2 与塔中心线的连线成 60°夹角。调整时风力为 5 级，温度为 26℃，调整工作被监理工程师叫停；后选择正确的时间、天气条件进行测量调整，塔体安装验收合格。

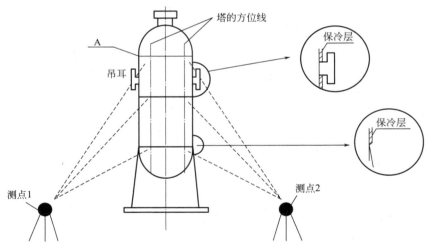

图 2 塔设备找正示意图

问题：

1. A 公司编制的施工组织设计纲要遗漏了哪些重要部分？C 公司标书被拒收是否正确？
2. 塔体现场验收还应检查哪些项目？地脚螺栓孔中心圆直径允许偏差是多少？
3. 监理工程师叫停塔体垂直度调整是否正确？说明理由。
4. 塔体就位调整后，还需要对塔体的哪些部位进行保冷施工？图 2 中的 A 部位保护层应如何搭接？

（三）

背景资料：

A 安装公司承接一个山地风电安装项目，工程规模：9 台 5.6MW 风力发电机组（五段塔筒，轮毂中心高度为 120m）安装。风力发电机组安装内容包括塔筒、机舱（单件吊装最大件）、叶轮及附属设备的安装及电气施工。

A 安装公司根据风机机型、机位平台大小、地形地貌场内交通条件等综合考虑，风机吊装选用 800t 履带起重机为主吊；采用标准风电臂工况，126m 主臂，12m 风电副臂，主副臂夹角为 15°，转台配重为 265t，中央配重为 95t，250t 级吊钩。在履带起重机的履带（长度为 13.3m）下方铺设 2.2m×6.0m 路基箱。辅吊采用 300t、100t 全地面起重机各 1 台。

A 安装公司对土建施工单位移交的吊装平台验收合格后，进行履带起重机的安装。路基箱铺设（图 3）被现场巡视的监理工程师叫停，要求整改。机组吊装采用塔筒分段吊装，机舱整体吊装，轮毂、叶片地面组合后整体吊装的施工工艺，并计算了塔筒、机舱、轮毂、叶片吊装时的主吊各项参数。

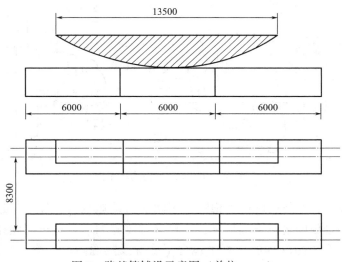

图 3 路基箱铺设示意图（单位：mm）

施工用电为 2 台 50kW 柴油发电机组采用三相五线 TN-S 接零保护系统供电，并设置了断路器进行短路及过载保护，经验收后投入运行。吊装时的主吊和辅吊均进行了电气接地保护。

问题：

1. 图 3 中的路基箱铺设存在哪些问题？单侧履带下方至少应铺设多少块路基箱？
2. 风电机组中的机舱吊装前应计算哪些主要参数？
3. 柴油发电机组临时供电系统中还应设置哪些保护？其电源中性点的接地体宜采用哪种金属型材？
4. 吊装时的起重机械为什么需要进行电气接地保护？其接地有哪些要求？

（四）

背景资料：

A公司承接某生物医药车间的机电工程项目，其中空调工程包含洁净度等级为N4的洁净室。开工前，组织了设计交底和图纸会审，将图纸中的质量隐患与问题消灭在施工之前。

A公司项目部编制净化空调系统施工方案（表1）报监理单位审批，监理工程师指出风系统施工流程中存在顺序错误、风管制作存在错误项、调试内容有缺少项等问题并退回，经项目部修改后通过审核。

洁净室安装完工后，项目部检测人员进行洁净度现场检测（图4），被监理工程师制止，检测人员按规定重新进行了检测，通过验收。

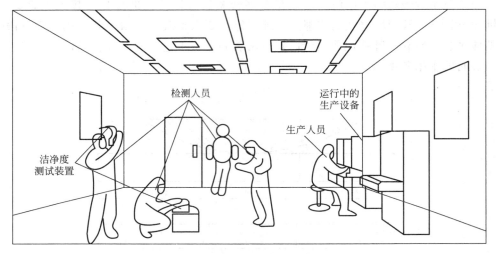

图4 洁净度现场检测示意图

项目竣工验收后，A公司负责生物医药车间的低碳运维管理工作，建立提高能源资源利用效率、减少碳排放的运行管理目标，依托碳排放监测平台对车间碳排放进行采集和统计，其中净化空调系统的碳排放计算中包含了冷源及热源能耗。第一年运行后统计数据，该车间碳排放量达到了目标。

表1 净化空调系统施工方案（部分）

序号	项目内容		技术方案
1	风系统施工流程		风管系统制作与安装→风机与净化空调机组安装→消声器等设备安装→高效过滤器安装流程→新风过滤器安装→风管与设备绝热→系统严密性检验→系统清理→系统调试检测
2	风管制作技术方案	A 风管尺寸	边长范围250~1250mm
		B 风管材料	采用镀锌层厚度为80g/m² 的镀锌钢板
		C 风管加工	铆钉孔的间距为60~80mm
		D 风管加固	边长大于900mm的风管，风管内设置分布均匀的加固筋
		E 风管连接	采用按扣式咬口连接方案
		F 风管清洗	风管制作完毕后，用无腐蚀性清洗液将内表面清洗干净
3	调试检测内容		风量测定调整、过滤器检漏、洁净度检测、温湿度检测、噪声检测

问题：

1. 本项目设计交底应由哪个单位组织？设计交底分哪几种？哪些单位必须要正确贯彻设计意图？

2. 表1中的净化空调系统风管制作技术方案中存在几个错误项？写出错误项整改后的规范要求。

3. 表1中的风系统施工流程中存在哪几个顺序错误？新风过滤器安装后应空吹多长时间？

4. 图4中存在哪些不符合规定的情况？表1中的调试检测内容还缺少哪些检测项目？

5. A公司运维管理人员应如何进行低碳运行管理？净化空调系统的碳排放计算还应包括哪些能耗？

（五）

背景资料：

某钢厂建设一个年产 100 万 t 的板材轧机工程项目，通过招标，具有冶金施工总承包一级资质的 A 公司中标，A 公司近几年安装过多种类型的轧机设备，轧机工程施工业绩较好。

项目主要内容：土建基础施工，厂房钢结构安装，车间 300t 双梁桥式起重机安装，轧机设备安装、调试及试运行等。

A 公司考虑项目施工进度和质量要求，在征得建设单位同意后，将土建基础施工分包给 B 公司，车间 300t 双梁桥式起重机安装分包给 C 公司，分包合同中明确分包单位的任务、责任及相应的权利等。A 公司指派专人对分包公司进行施工管理，使土建基础施工和桥式起重机安装按合同要求完工。

轧机安装前，A 公司对施工人员进行施工技术交底；轧机设备基础验收合格，确定中心标板和基准点位置，设立永久基准线和基准点；并在设备基础周边埋设沉降观测点。使用已验收合格的桥式起重机进行轧机设备吊装，轧机底座、机架安装后检查精度达到设计要求。

机架安装固定后，以轧机机列中心线、轧机底座标高为基准，进行轧辊装置、传动装置、工作辊等部件的安装与调整。在传动装置（图 5）安装后的检查中，测量复核传动电机的水平度；用百分表和专用工具测量联轴器的径向和轴向偏差；检查齿轮座时，发现齿轮啮合间隙不符合规范要求，经重新调整后，传动装置验收合格。

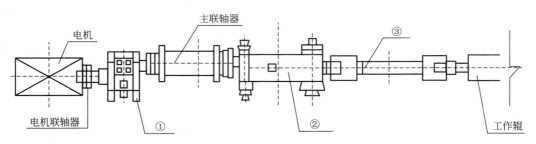

图 5　轧机传动装置示意图

轧机设备安装后，A 公司在组织、技术、物资三个方面进行试运行准备。单机试运行时，主传动电机、传动装置等部件分别空载试运行 0.5h，轧机按额定转速的 25%、50%、75%、100%分别试运行 2h，且高、低速往返运行 5 次，设备轴承温度正常。单机试运行后，由建设单位组织实施联动试运行和负荷试运行。

问题：

1. A 公司在近几年应承担过年产多少万 t 以上的轧钢工程施工总承包？轧辊在机座中的布置形式有哪几种？

2. A 公司在项目分包时还应考虑哪些因素？签订分包合同时可采用哪个示范文本？

3. 轧机机架安装精度调整是以哪个观测为依据？安装精度应达到哪个等级？机架地脚螺栓的紧固通常采用哪种方法？

4. 电机水平度的测量复核应以哪个部位为测量面？联轴器转动测量时应记录几个位置的径向和轴向位移值？A 公司对图 5 中①~③的哪个部件进行了重新调整？检查齿轮的啮合间隙可采用哪种方法？

5. 轧机设备单机试运行是否合格？试运行前的技术准备工作有哪些内容？

2024 年度真题参考答案及解析

一、单项选择题

1. C； 2. B； 3. C； 4. B； 5. A；
6. B； 7. C； 8. D； 9. D； 10. B；
11. A； 12. C； 13. A； 14. B； 15. A；
16. A； 17. B； 18. A； 19. B； 20. D。

【解析】

1. C。本题考核的是有色合金的类型。常用的有色合金：铝合金、铜合金、镁合金、镍合金、锡合金、钽合金、钛合金、锌合金、钼合金、锆合金等。广义的黑色金属包括铬、锰及其他合金。

2. B。本题考核的是电力设备的分类。火力发电系统：主要由燃烧系统（以承压蒸汽锅炉为核心）、汽水系统（主要由各类泵、给水加热器、凝汽器、管道、水冷壁等组成）、电气系统（以汽轮发电机组、主变压器等为主）、控制系统等组成。排除 A 选项。

核能发电系统：（1）核岛设备：包括反应堆堆芯、燃料转运装置、反应堆压力容器、堆内构件、控制棒驱动机构、蒸汽发生器、主泵、主管道、安注箱、硼注箱和稳压器等。核岛设备是承担热核反应的主要部分。（2）常规岛设备：包括汽轮机、发电机、除氧器、凝汽器、汽水分离再热器、高低压加热器、主给水泵、凝结水泵、主变压器和循环水泵等。（3）辅助系统设备：包括核蒸汽供应系统之外的部分，即化学制水、制氧、压缩空气站等。排除 C 选项。

光热发电系统：通过聚集太阳辐射能加热换热工质，再经热交换器加热水，产生过热蒸汽，驱动汽轮机带动发电机发电。主要包括集热器设备、热交换器、汽轮发电机等设备。排除 D 选项。

风力发电系统主要包括塔架、机舱、发电机、轮毂、叶片、电气设备等。本题选 B。

3. C。本题考核的是机电工程测量的主要内容。机电工程测量的主要内容：

（1）机电设备安装放线、基础检查、验收。

（2）工序或过程测量。每道工序完成之后，都要通过测量，检查工程各部位的实际位置及高程是否符合设计要求。

（3）变形观测。测定已安装设备在平面和高程方面产生的位移和沉降，收集整理各种变化资料，作为鉴定工程质量和验证工程设计、施工是否合理的依据。

（4）交工验收检测。

（5）工程竣工测量。

4. B。本题考核的是吊索的使用要求。吊索钢丝绳的安全系数与被吊设备、构件的精密（重要）程度及吊索捆绑方式有关，其数值应符合相关规范的要求。

5. A。本题考核的是钨极惰性气体保护焊机的应用。钨极惰性气体保护焊机应用的金属材料种类多，除了低熔点、易挥发的金属材料（如铅、锌等）以外，均可以采用钨极惰性气体保护焊机进行焊接。

6. B。本题考核的是中水管道及配件安装。A选项错误，中水给水管道不得装设取水水嘴。

B选项正确，中水管道外壁应涂浅绿色的标志。

C选项错误，中水管道与生活饮用水管道、排水管道平行埋设时，其水平净距离不得小于0.5m。

D选项错误，中水管道不宜暗装于墙体和楼板内。

7. C。本题考核的是灯具现场检查。水下灯具及防水灯具的防护等级应符合设计要求，当对其密闭和绝缘性能有异议时，应按批抽样送有资质的检测机构进行检测。

8. D。本题考核的是空调水系统的测定和调整。空调水系统的关机顺序为：制冷机组→冷冻水泵→冷却水泵→冷却塔。空调水系统的开机顺序为：冷却水泵→冷却塔→冷冻水泵→制冷机组。

9. D。本题考核的是给水排水系统调试检测。给水和中水监控系统应全部检测。排水监控系统应抽检50%，且不得少于5套，总数少于5套时应全部检测。

10. B。本题考核的是自动扶梯整机验收时的绝缘电阻要求。导线之间和导线对地之间的绝缘电阻值应大于$1000\Omega/V$，动力电路和电气安全装置电路的绝缘电阻值不得小于$0.5M\Omega$，其他电路（控制、照明、信号等）的绝缘电阻值不得小于$0.25M\Omega$。

11. A。本题考核的是消防系统的分部分项工程。气体灭火系统包含的分项工程有：材料及系统组件进场检验，灭火剂储存装置的安装，选择阀及信号反馈装置的安装，阀驱动装置的安装，灭火剂输送管道的安装，喷嘴的安装，预制灭火系统的安装，控制组件的安装，系统调试，系统验收。

12. C。本题考核的是地脚螺栓类型。固定地脚螺栓又称为短地脚螺栓，它与基础浇灌在一起，用来固定没有强烈振动和冲击的设备，如直钩螺栓、弯钩螺栓、弯折螺栓、U形螺栓、爪式螺栓、锚板螺栓等。

活动地脚螺栓又称为长地脚螺栓，是一种可拆卸的地脚螺栓，用于固定工作时有强烈振动和冲击的重型机械设备，如T形头螺栓、拧入式螺栓、对拧式螺栓等。

13. A。本题考核的是大管道闭式循环冲洗技术。该方法对于城市供热系统、大型建筑的空调水系统、工业循环冷却水系统等本身自成循环的管道系统水冲洗非常适用，在缺水地区应用则可有效解决传统的水冲洗方法水量消耗大、取水不易的难题，对于适合的以水为冲洗介质的工业管道系统也可根据情况借鉴采用。D选项虽然是空调系统，但VRV主要指变冷媒流量多联机系统，使用制冷剂而非水，不适用于水冲洗。

14. B。本题考核的是变压器运输与就位要求。充干燥气体运输的变压器，油箱内的气体压力应保持在0.01~0.03MPa，干燥气体露点温度必须低于-40℃，始终保持为正压力，并设置压力表进行监视。

15. A。本题考核的是自动化仪表调试要求。A选项正确，仪表试验时电源电压应保持稳定。

B选项错误，仪表工程在系统投用前应进行回路试验。

C选项错误，校准和试验用仪表应具备有效的计量检定合格证明，其基本误差的绝对值不宜超过被校准仪表基本误差绝对值的1/3。

D选项错误，单台仪表的校准点应在仪表全量程范围内均匀选取，一般不应少于5个点；回路试验时，仪表校准点不应少于3个点。

16. A。本题考核的是金属腐蚀的分类。按腐蚀的破坏形式可以分为全面腐蚀、局部腐蚀。全面腐蚀又可分为均匀腐蚀和不均匀腐蚀。局部腐蚀又可分为点蚀（孔蚀）、缝隙腐蚀、电偶腐蚀、晶间腐蚀、选择性腐蚀。

17. B。本题考核的是金属反射绝热结构施工方法。利用高反射、低辐射的金属材料（如铝箔、抛光不锈钢、电镀板等）组成的绝热结构称为金属反射绝热结构，该类结构主要采用焊接或铆接方式施工。

18. A。本题考核的是衡量计量器具的指标。衡量计量器具质量和水平的主要指标是它的准确度等级、灵敏度、鉴别率（分辨率）、稳定性、超然性以及动态特性等，这也是合理选用计量器具的重要依据。计量器具具有准确性、统一性、溯源性、法制性四个特点。

19. B。本题考核的是保护区内取土规定。35kV、110~220kV、330~500kV各电压等级的电力杆塔周围禁止取土的范围分别为4m、5m、8m。

20. D。本题考核的是电梯安装、改造、修理要求。电梯的安装、改造、修理，必须由电梯制造单位或者其委托的依照本法取得相应许可的单位进行，因此A选项错误，D选项正确。

C选项错误，电梯制造单位委托其他单位进行电梯安装、改造、修理的，应当对其安装、改造、修理进行安全指导和监控，并按照安全技术规范的要求进行校验和调试。

B选项错误，电梯制造单位对电梯安全性能负责。

二、多项选择题

21. B、C、E；　　22. B、D、E；　　23. A、B、C、E；
24. A、B、D、E；　25. A、B、D；　　26. B、D；
27. A、B、D；　　28. B、D；　　　　29. A、C、D、E；
30. B、C。

【解析】

21. B、C、E。本题考核的是预防变形的技术措施。储罐排板要符合规范的要求，焊缝要分散、对称布置，因此A选项错误，B选项正确。

根据焊接工艺评定报告，编制合理的焊接作业指导书，采取对称焊、分段焊、跳焊等方法减小焊接变形，因此C选项正确。

底板边缘板对接接头采用不等间隙，间隙要外小内大，因此D选项错误。

用弧形板定位控制纵缝的角变形，因此E选项正确。

22. B、D、E。本题考核的是汽轮机设备安装程序。散装到货的汽轮机，在安装时要在现场进行汽轮机本体的安装，其设备安装程序为：基础和设备的验收→底座（台板）安装→汽缸和轴承座安装→轴承安装→转子安装→导叶持环或隔板的安装→汽封及通流间隙的检查与调整→上、下汽缸闭合→联轴器安装→二次灌浆→汽缸保温→变速齿轮箱和盘车装置安装→调节系统安装→调节系统和保安系统的整定与调试。

23. A、B、C、E。本题考核的是制氧设备管道脱脂的检验方法。制氧设备管道脱脂的检验方法：滤纸擦拭法、紫光照射法、樟脑检测法、溶剂分析法。

24. A、B、D、E。本题考核的是洁净手术室净化空调系统。根据《医院洁净手术部建筑技术规范》GB 50333—2013：

（1）洁净手术室及与其配套的相邻洁净辅助用房应与其他洁净辅助用房分开设置净化空调系统，Ⅰ、Ⅱ级洁净手术室与负压手术室应每间采用独立的净化空调系统，Ⅲ、Ⅳ级洁净手术室可2~3间合用一个系统，因此A、B选项正确，C选项错误。

（2）净化空调系统可为集中式或回风自循环处理方式，因此D选项正确。

（3）负压手术室顶棚排风口入口处以及室内回风口入口处均必须设置高效过滤器，并应在排风出口处设置止回阀，回风口入口处设密闭阀，因此E选项正确。

25．A、B、D。本题考核的是高温环境下的钢结构保护措施。高温环境下的钢结构温度超过100℃时，应进行结构温度作用验算，并应根据不同情况采取防护措施，因此E选项错误。

当钢结构可能受到炽热熔化金属的侵害时，应采用砌块或耐热固体材料做成的隔热层加以保护，因此A选项正确。

当钢结构可能受到短时间的火焰直接作用时，应采用加耐热隔热涂层、耐热辐射屏蔽等隔热防护措施，因此B选项正确。

当高温环境下钢结构的承载力不满足要求时，应采取增大构件截面、采用耐火钢或采用加耐热隔热涂层、耐热辐射屏蔽、水套等隔热降温措施，因此D选项正确。

当高强度螺栓长期受热达150℃以上时，应采用加耐热隔热涂层、耐热辐射屏蔽等隔热防护措施，因此C选项错误。

26．B、D。本题考核的是竣工档案组卷方法。工程准备阶段的文件应按建设程序、形成单位等进行组卷，因此A选项错误。

施工文件应按单位工程、分部分项工程进行组卷，因此B选项正确。

竣工图纸应按单位工程分专业进行组卷，因此C选项错误。

竣工验收文件应按单位工程分专业进行组卷，因此D选项正确。

电子文件组卷时，每个工程（项目）应建立多级文件夹，应与纸质文件在案卷设置上一致，并应建立相应的标识关系，因此E选项错误。

27．A、B、D。本题考核的是项目资金使用效果的主要指标。考核项目资金使用效果的主要指标有资金周转率、资金产值率、资金利用率三种。

28．B、D。本题考核的是施工机械的技术管理要求。施工机械的技术管理要求：

（1）依据施工机械磨损规律，减少磨合阶段的磨损，延长正常使用期限，避免早期发生事故性磨损。

（2）全过程的施工机械技术管理。掌握机械的磨损规律对机械开始走合、使用，直到报废的全过程都起作用。

（3）减少施工机械的磨损。机械技术管理的各项工作如使用、保养、维修等都是为了减少机械的磨损。

29．A、C、D、E。本题考核的是工程结算价款支付。竣工结算价款支付申请应载明下列内容：（1）竣工结算合同价款总额。（2）累计已实际支付的合同价款。（3）应预留的质量保证金。（4）实际应支付的竣工结算价款金额。

30．B、C。本题考核的是工程维护。工程维护工作包括常规维护保养和定期维护保养。

（1）常规维护保养。日常开展的维护保养工作，主要包括系统运行效果检查、设备运行状态检查、安全检查以及日常清理工作。

（2）定期维护保养。定期开展的维护保养工作，一般半年或一年一次，通常在系统运行的淡季进行，主要包括系统重要功能及效果的检测、易损部件的更换及设备的全面清理。

三、实务操作和案例分析题

（一）

1. （1）施工总平面布置时需要确定的图纸是：施工现场区域规划图和施工总平面布置图。

（2）对施工现场所需要的设备、材料还需明确的内容有进场计划、运输方式、处置方法。

2. （1）图1中①为曳引轮，②为限速器。

（2）除机房外，曳引式电梯的组成部分还有：井道、轿厢、层站。

3. （1）驱动主机承重梁应采用钢板制作，钢板厚度不应小于20mm。

（2）承重梁埋入建筑结构承重墙内的长度宜超过墙中心20mm，且不应小于75mm。承重梁浇筑固定前应进行自检，然后上报监理单位组织验收并合格。

4. （1）单位工程绿色施工评价应在竣工验收前提出申请。

（2）单位工程绿色施工评价资料中还需补充的评价表：绿色施工要素评价表；绿色施工批次评价表；绿色施工阶段评价表。

（二）

1. （1）A公司编制的施工组织设计纲要遗漏了下列重要部分：

质量标准及其保证措施；突出方案在技术、工期、质量、安全保障等方面有创新，利于降低施工成本。

（2）C公司标书被拒收正确。理由：按规定要求商务标书应密封。

2. 塔体现场验收还应检查的项目：外圆周长偏差、端口不平度、组装标记清晰、任意两孔弦长允许偏差。

地脚螺栓孔中心圆直径允许偏差为2mm。

3. 监理工程师叫停塔体垂直度调整是正确的。

理由：

（1）背景中塔器高度为71m，在早上9点阳光斜照时进行；调整时风力为5级。高度大于等于20m，其垂直度的测量工作不应在一侧阳光照射或风力大于4级的条件下进行。

（2）垂直度不符合要求。测点1与塔中心线的连线与测点2与塔中心线的连线成60°夹角。正确的是：测点1与塔中心线的连线与测点2与塔中心线的连线成90°夹角。

4. （1）对塔体进行保冷施工的部位有：塔体、裙座、支座、吊耳、仪表管座、支吊架等。

（2）A部位保护层应上搭下（顺水搭接）。

（三）

1. （1）路基箱铺设存在的问题：路基箱的铺设方向不对，应旋转90°。路基箱的铺设数量不符合要求。

（2）单侧履带下方至少应铺设7块路基箱。

2. 风电机组中的机舱吊装前应计算吊装参数表中的主要参数有：设备规格尺寸、设备总重量、吊装总重量、重心标高、吊点方位及标高等。

3.（1）柴油发电机组临时供电系统中还应设置：漏电保护、相序保护、防雷保护、过电压保护、防静电保护、逆功率保护、燃油油位保护。

（2）电源中性点的接地体宜采用镀锌型材或铜材。

4.（1）起重机械由导电金属材料制成，首先容易造成触电事故，其次容易造成雷击事故，因此需要进行电气接地保护。

（2）吊装时的起重机械进行电气接地保护的要求：①金属结构作为载流零线。②起重机械的外露可导电部分（如大臂、支腿等）通过专门的 PE 线单独做接地处理，系统的接地电阻值不得大于 4Ω。③不得串联其他设备。

（四）

1.（1）本项目设计交底应由建设单位组织。
（2）设计交底分为图纸设计交底和施工设计交底两种。
（3）施工单位和监理单位必须要正确贯彻设计意图。

2.（1）净化空调系统风管制作技术方案中存在 3 个错误项。
（2）错误项整改后的规范要求：
①镀锌层厚度不低于 $100g/m^2$。
②风管内不得设置加固筋。
③N4 级空调风管不得采用按扣式咬口连接方案。

3.（1）风系统施工流程中存在的顺序错误：
①高效过滤器和新风过滤器安装顺序错误。
正确做法：洁净室的内装修工程必须全部完成，系统中末端过滤器前的所有空气过滤器应安装完毕，且经全面清扫、擦拭后安装高效过滤器。
②风管与设备绝热和系统严密性检验顺序错误。
正确做法：系统严密性检验合格后才能进行风管与设备的绝热。
（2）新风过滤器安装后应空吹 12~24h。

4.（1）图 4 中存在下列不符合规定的情况：
①检测的人数过多，不得超过 3 人。
②洁净空调检测应在空态或静态下进行，不应有设备运转。
③其中一名检测人员没有穿着洁净工作服。
④检测时生产人员不得进入洁净室。
（2）表 1 中的调试检测内容还缺少的检测项目有：洁净室（区）与相邻房间和室外的静压差；含菌量和压差；风速和换气次数。

5. A 公司运维管理人员应这样进行低碳运行管理：
（1）应建立提高能源资源利用效率、减少碳排放的运行管理目标。
（2）掌握系统的实际能耗状况。
（3）应接受相关部门的能源审计。
（4）应定期调查能耗分布状况，分析节能潜力。
（5）应提出节能运行和改造建议。

净化空调系统的碳排放计算还应包括：输配系统及末端空气处理设备能耗。

（五）

1.（1）A公司在近几年应承担过年产80万t以上的轧钢工程施工总承包。

（2）轧辊在机座中的布置形式：水平布置、立式布置、水平和立式布置、倾斜布置、其他形式。

2.（1）A公司在项目分包时还应考虑的因素有：

①总包合同约定的或业主指定的分包项目；不属于主体工程，总承包单位考虑分包施工更有利于工程的进度和质量的分部工程；一些专业性较强的分部工程分包，分包单位必须具备相应的企业资质等级以及相应的技术资格。

②总承包单位必须重视并指派专人负责对分包单位的管理，保证分包合同和总包合同的履行。

③分包合同条款应写得明确和具体，避免含糊不清，也要避免与总包合同中的业主发生直接关系，以免责任不清。应严格规定分包单位不得把工程转包给其他单位。

（2）签订分包合同时可采用《建设工程施工专业分包合同（示范文本）》GF—2003—0213。

3.（1）轧机机架安装精度调整是以基础沉降观测为依据。

（2）安装精度应达到Ⅰ级。

（3）机架地脚螺栓的紧固通常采用液压螺母拉伸法。

4.（1）电机水平度的测量复核应以转子轴颈为测量面。

（2）联轴器转动测量时应记录5个位置的径向和轴向位移值。

（3）A公司对图5的中部件②进行了重新调整。

（4）检查齿轮的啮合间隙可采用压铅法。

5.（1）轧机设备单机试运行合格。

（2）试运行的技术准备工作：确认可以试运行的条件，编制试运行总体计划和进度计划，制定试运行技术方案，确定试运行合格评价标准。

2023年度全国一级建造师执业资格考试

《机电工程管理与实务》

真题及解析

学习遇到问题？
扫码在线答疑

2023年度《机电工程管理与实务》真题

一、单项选择题（共20题，每题1分。每题的备选项中，只有1个最符合题意）

1. 修配法是对补偿件进行补充加工，其目的是（　　）。
   A. 补充设计工艺不足　　　　　B. 修补设备制造缺陷
   C. 修复使用后的缺陷　　　　　D. 抵消安装积累误差

2. 金属氧化物接闪器试验时，需测量的是（　　）。
   A. 电导电流　　　　　　　　　B. 持续电流
   C. 放电电流　　　　　　　　　D. 短路电流

3. 关于阀门安装时的说法，正确的是（　　）。
   A. 螺纹连接时阀门应开启　　　B. 安全阀门应该水平布置
   C. 焊接连接时阀门应关闭　　　D. 按介质流向定安装方向

4. 关于金属立式拱顶罐底板施工的说法，正确的是（　　）。
   A. 储罐底板排版应考虑焊缝要集中
   B. 中幅板焊接先焊长焊缝，后焊短焊缝
   C. 在边缘板下安装楔铁，补偿焊缝的角向收缩
   D. 底板边缘板对接接头采用外大内小不等间隙

5. 凝汽器组装完毕后，汽侧应进行的试验是（　　）。
   A. 真空试验　　　　　　　　　B. 压力试验
   C. 通球试验　　　　　　　　　D. 灌水试验

6. 关于温度检测仪表安装的说法，错误的是（　　）。
   A. 受物料强烈冲击的位置安装时应采取防弯曲措施
   B. 压力式温度计的感温包应大部分浸入被测对象中
   C. 多粉尘环境安装的测温元件应采取防止磨损措施
   D. 表面温度计的感温面与被测对象表面应紧密接触

7. 关于搪铅法施工的做法，正确的是（　　）。
   A. 已锈蚀的基体表面在搪铅前应进行火焰除锈
   B. 直接搪铅法搪铅应1次成型，不可反复搪铅
   C. 间接搪铅法应先在被搪铅表面加热进行挂锡

D. 搪铅时，每层不需中间检查且厚度可不一致
8. 关于保冷塔上附件的保冷施工要求，正确的是（   ）。
   A. 吊耳、测温仪表管座不得进行保冷
   B. 附件的保冷层长度等于保冷层厚度
   C. 附件保冷层厚度为邻近保冷层厚度
   D. 塔器的裙座内、外壁均应进行保冷
9. 工业炉窑烘炉时，编制的烘炉曲线内容不包括（   ）。
   A. 升温速度   B. 恒温时间
   C. 烘炉期限   D. 材料性能
10. 当供暖工程的集水器工作压力为0.6MPa时，其试验压力为工作压力的（   ）。
    A. 1.1倍   B. 1.15倍
    C. 1.25倍   D. 1.5倍
11. 关于柔性导管敷设的说法，正确的是（   ）。
    A. 柔性导管的长度在动力工程中不宜大于0.9m
    B. 柔性导管的长度在照明工程中不宜大于1.3m
    C. 柔性导管与电气设备的连接应采用专用接头
    D. 金属柔性导管可以作为保护导体的接续导体
12. 关于消声器、消声弯头制作安装的说法，正确的是（   ）。
    A. 边长为630mm的矩形消声弯管必须设置吸声导流片
    B. 消声器内消声材料的织物覆盖层应逆气流方向搭接
    C. 消声器内织物覆盖层的保护层可使用普通的铁丝网
    D. 消声器安装时，必须设置独立的支、吊架固定牢固
13. 建筑设备的监控信号线缆的施工要求不包括（   ）。
    A. 电流强度测量   B. 屏蔽性能要求
    C. 接头安装工艺   D. 接地电阻要求
14. 曳引式电梯施工程序中，曳引机安装的紧前工序是（   ）。
    A. 对重安装   B. 导轨安装
    C. 轿厢安装   D. 导靴安装
15. 下列仓库中，能使用自动喷水灭火系统的是（   ）。
    A. 聚乙烯储备仓库   B. 锌粉储存库
    C. 低亚硫酸钠仓库   D. 碳化钙仓库
16. 施工机械选择时，通过计算折旧费用进行比较的方法是（   ）。
    A. 应用综合评分法   B. 单位工程量成本比较法
    C. 界限使用判断法   D. 等值成本法
17. 项目部与人员驻地生活直接相关的协调机构不包括（   ）。
    A. 工程所在地的行政机构   B. 特种设备安全监督机构
    C. 工程所在地的公安机构   D. 工程所在地的医疗机构
18. 下列施工进度控制措施中，属于技术措施的是（   ）。
    A. 审查分包商进度计划   B. 建立进度目标控制体系
    C. 编制资金需求计划表   D. 建立图纸变更审查制度

19. 下列压力管道施工资质中，可覆盖 GC2 压力管道安装的是（　　）。
   A. GA2　　　　　　　　　　　　B. GB1
   C. GB2　　　　　　　　　　　　D. GCD

20. 建筑工程质量验收划分时，子单位工程的划分是按（　　）。
   A. 材料种类划分　　　　　　　　B. 施工特点划分
   C. 使用功能划分　　　　　　　　D. 设备类别划分

二、多项选择题（共10题，每题2分。每题的备选项中，有2个或2个以上符合题意，至少有1个错项。错选，本题不得分；少选，所选的每个选项得0.5分）

21. 下列合金钢中，属于工程结构用的合金钢有（　　）。
   A. 合金结构钢　　　　　　　　　B. 合金弹簧钢
   C. 合金钢筋钢　　　　　　　　　D. 高锰耐磨钢
   E. 压力容器用合金钢

22. 下列塔设备中，属于按单元操作分类的有（　　）。
   A. 加压塔　　　　　　　　　　　B. 解吸塔
   C. 填料塔　　　　　　　　　　　D. 精馏塔
   E. 反应塔

23. 三角高程测量精度的影响因素有（　　）。
   A. 距离误差　　　　　　　　　　B. 大气垂直折光误差
   C. 垂直角误差　　　　　　　　　D. 仪器及视标高误差
   E. 环境温度差

24. 起重机的起升高度计算时，计算式中的高度参数有（　　）。
   A. 基础高度　　　　　　　　　　B. 设备高度
   C. 吊机高度　　　　　　　　　　D. 吊索具高度
   E. 地脚螺栓高度

25. 焊接时，可用作焊接保护气体的有（　　）。
   A. 丙烷（C_3H_8）　　　　　　　B. 氧气（O_2）
   C. 乙炔（C_2H_2）　　　　　　　D. 氩气（Ar）
   E. 二氧化碳（CO_2）

26. 国际机电工程项目合同风险中，属于环境风险的有（　　）。
   A. 财经风险　　　　　　　　　　B. 技术风险
   C. 法律风险　　　　　　　　　　D. 营运风险
   E. 收益风险

27. 下列设备监造时的监督点中，属于文件见证点的有（　　）。
   A. 检验记录　　　　　　　　　　B. 规范标准
   C. 技术协议　　　　　　　　　　D. 合格证明
   E. 试验报告

28. 需要编制专项工程施工组织设计的分部工程施工特点有（　　）。
   A. 技术难度大　　　　　　　　　B. 工艺较复杂
   C. 施工工期紧　　　　　　　　　D. 采用新工艺
   E. 质量要求高

29. 下列工程费用中，属于变动成本的有（　　）。
   A. 机械使用费　　　　　　　　　B. 工程措施费
   C. 安全措施费　　　　　　　　　D. 工具使用费
   E. 检验试验费

30. 关于工程竣工结算编制的说法，正确的有（　　）。
   A. 签证费用以双方已确认金额计算　　B. 经确认的工程计量直接进入结算
   C. 以招标确定的中标价取代暂估价　　D. 计日工按承包人实际确认的数量
   E. 暂列金差额由合同双方共同承担

三、实务操作和案例分析题（共5题，（一）、（二）、（三）题各20分，（四）、（五）题各30分）

(一)

背景资料：

安装公司承包一商业综合办公楼机电工程，承包内容包括通风空调工程、建筑给水排水及供暖工程、建筑电气工程和消防工程等；工程设备均由安装公司采购。安装公司编制了采购文件和采购计划，对供货商供货能力和地理位置进行了调查。签订设备采购合同后，对设备进行催交、检验，保证了工程进度和施工质量。

安装工程在给水排水和通风空调的检查中，对存在的问题进行了整改：

（1）建筑给水排水工程中，给水管道直接紧贴建筑物预留孔的上部穿越抗震缝。

（2）通风空调工程的水泵设计为整体安装，安装后测得泵的纵向水平偏差为0.2‰，横向水平偏差为0.2‰；水泵与电机采用联轴器连接，联轴器两轴芯的轴向倾斜为0.2‰，泵轴径向位移为0.1mm。

商务楼计算机房的消防工程采用七氟丙烷自动灭火系统，其灭火系统构成如图1所示。在七氟丙烷自动灭火系统调试合格后，安装公司对系统设备、阀门等设置了标识，便于运维人员的管理操作。竣工验收时，提交了工程质量保修书及其他文件。

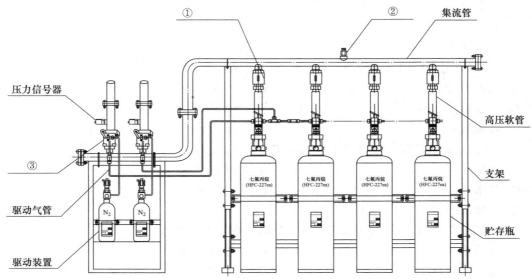

图1　管网式灭火设备构成图

问题：

1. 设备采购中，应调查供货商的哪些能力？设备采购文件由哪几个文件组成？
2. 给水管道在穿越抗震缝敷设时应如何整改？
3. 水泵有哪几项检测数据不符合规范要求？正确的规范要求是什么？
4. 图1中①、②、③应分别选用哪种阀门？阀门的保修期限是多少？保修期限从哪一天开始计算？

（二）

背景资料：

某公司中标石化厂柴油加氢装置施工承包项目，其中新氢压缩机2台，为对置式活塞机组，散件到货，现场清洗组装。机组安装采用联合基础，压缩机曲轴箱采用预埋活动地脚螺栓锚板的方式，减速箱和电动机的地脚螺栓采用预留孔方式。

在设备安装前，安装队查验了压缩机机组的基础，主要检查项目：基础的坐标位置，不同平面的标高，平面外形尺寸，凸台上平面外形尺寸，预埋活动地脚螺栓锚板的标高，预留地脚螺栓孔的中心线位置。质量工程师检查时，发现有重要项目未查，要求安装队补充完善。

压缩机曲轴箱找平找正后，安装厚壁滑动轴瓦，用涂红丹的方式检查了瓦背与轴承座孔的接触情况；将清洗干净的曲轴轴颈涂上红丹，就位在下轴瓦上；扣盖上轴瓦，在未拧紧螺栓时，检查上下轴瓦接合面。

曲轴箱固定后，以曲轴箱为基准，安装盘车器、减速箱、电动机等，设备找正固定后，开始配管工作。安装工程师就设备配管进行了专项技术交底，强调了法兰密封面检查、无应力配管的监测方法。

在定期的安全培训中，安全工程师将本项目中出现的几种违反安全规定的情况画成施工现场示意图（图2），要施工人员对照识别。

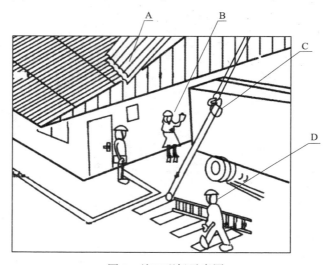

图2 施工现场示意图

问题：

1. 安装队还需补充检查压缩机机组基础的哪些重要项目？
2. 检查轴瓦内孔与轴颈时，哪项内容应符合随机文件的规定？应使用何种工具检查上下轴瓦的接合面？接合面的合格标准是什么？
3. 法兰安装时的密封面不得有哪些缺陷？设备与管道法兰连接时应检验法兰的哪两个参数？应用什么测量工具在何处监测机组的位移情况？
4. 指出图2中A、B、C、D各点分别存在哪些安全隐患？

（三）

背景资料：

安装公司中标某工业房机电安装工程，合同内容包含电气工程、管道工程、通风空调工程、设备安装及配售发电工程等所有机电安装，合同还约定了其相应的系统性能考核。

安装公司进场后，编制专项工程的各种可行性施工方案，根据方案的一次性投资总额、产值贡献率，对工程进度和费用的影响程度进行了经济合理性比较，按最优的方式确定了施工方案。

某管道系统在设计温度时的试验压力为3MPa；在常温试压时，试验温度与设计温度下的管材许用应力比值为6.5。安装公司在进行该系统压力试验时，设置了常温下临时压力试验系统（图3）。

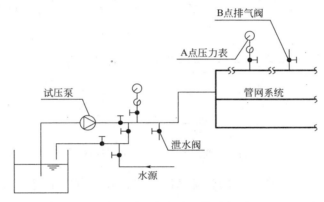

图3 临时压力试验系统示意图

安装公司在发电机转子进行单独气密性试验时，检查了转子的重点部位无泄漏，并会同有关人员进行最后清扫，查无杂物。确认了转子机务、电气仪表安装已经完成，将转子吊装到位，用专用工具穿装。监理工程师发现后制止，认为有工序未完成不能穿装。安装公司整改后穿装工作完成。

安装公司按试运行方案，联合试运行合格后，向建设单位递交了工程交接证书，要求建设单位接收。建设单位认为该工程没有生产正式产品，未达到移交条件为由，拒绝接收。

问题：

1. 施工方案进行经济合理性比较时，还应考虑哪些方面？
2. 图3中的A、B点应设置在管网系统的何处位置？计算该管道系统试压时的试验压力。
3. 应重点检查转子哪些部位的密封状况？发电机转子穿装前应完善哪些工作？
4. 工程质量接受意见栏填写的依据是什么？建设单位拒绝接收是否合理？

(四)

背景资料:

某安装公司承包一商务楼(地上20层,地下2层,地上1~5层为商场)的变配电安装工程。工程主要设备:三相干式电力变压器(10/0.4kV)、配电柜(开关柜)设备由业主采购,已运抵施工现场。其他设备、材料由安装公司采购。因1~5层的商场要提前开业,变配电工程需配合送电。

安装公司项目部进场后,依据合同、施工图纸及施工总进度计划,编制了变配电工程的施工方案、施工进度计划(图4),报建设单位审批时被否定,要求优化进度计划、缩短工期,并承诺赶工费由建设单位承担。

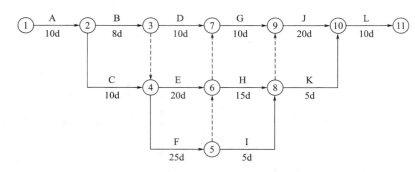

图4 变配电工程施工进度计划

项目部依据公司及项目所在地的资源情况,优化施工资源配置,列出进度计划可压缩时间及费用增加表(表1)。

表1 进度计划可压缩时间及费用增加表

代号	工作内容	持续时间(d)	可压缩时间(d)	增加费用(万元)
A	施工准备	10	—	—
B	基础框架安装	8	3	0.5
C	接地施工	10	4	0.5
D	桥架安装	10	3	1
E	变压器安装	20	4	1.5
F	开关箱、配电柜安装	25	6	1.5
G	电缆敷设	10	4	2
H	母线交接	15	5	1
I	二次线路敷设连接	5	—	—
J	试验调整	20	5	1
K	计量仪表安装	5	—	—
L	试运行验收	10	4	1

项目部施工准备充分,落实资源配置,依据施工方案要求向作业人员进行技术交底,明确变压器、配电柜等主要分项工程的施工程序,明确各工序之间的逻辑关系、技术要求、操作要点和质量标准;变压器施工中的某工序示意图如图5所示。

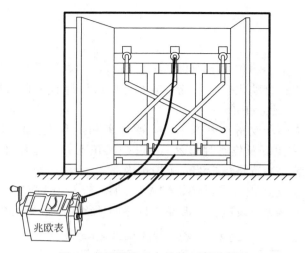

图 5 变压器施工中的某工序示意图

变配电工程完工后,供电部门检查合格送电,经过验电、校相无误;分别合高、低压开关,空载运行 24h,无异常,办理验收手续,交建设单位使用;同时整理技术资料,准备在商务楼竣工验收时归档。

问题:

1. 项目部编制的施工进度计划(图4)的工期为多少天?最多可压缩工期多少天?需增加多少费用?
2. 作业人员优化配置的依据是什么?项目部应根据哪些内容的变化对劳动力进行动态管理?
3. 项目部的施工准备包括哪几个方面?应落实哪些资源配置?
4. 图 5 是变压器施工程序中的哪个工序?图中的兆欧表电压等级应选择多少伏?各工序之间的逻辑关系主要有哪几个?
5. 变配电装置空载运行时间是否满足验收要求?项目部整理的技术资料应包括哪些内容?

(五)

背景资料：

某安装公司承接一个干熄焦发电项目。工程内容：干熄焦系统、工业炉系统、热力系统、电站、电气、仪表及自动化控制系统。电站主厂房设计有1台供检修用电动双梁桥式起重机（起重量32/5t，跨距16.5m）。

干熄焦系统的动力驱动设备：电机车、焦罐台车和提升机（提升负荷87t，提升高度37.5m）。电机车负责将焦罐及焦罐台车运至提升框架正下方，提升机负责焦罐提升并横移至干熄炉炉顶，通过装入装置将焦炭装入干熄炉内。

工程中配置1套高温高压自然循环锅炉及辅助系统，同时配套发电机组及辅助系统，利用锅炉产生的高温高压蒸汽发电，高温高压自然循环锅炉参数见表2。

表2 高温高压自然循环锅炉参数

	锅炉出口	9.50MPa	蒸发量		95t/h
蒸汽压力	汽包	11.28MPa	蒸汽温度	过热器出口处	(540±5)℃
	过热器出口	9.81MPa		允许最高工作温度	550℃
锅炉入口烟气温度		800~960℃	锅炉出口烟气温度		160~180℃

安装公司项目部进场后，进行各项准备工作。根据施工图纸及相关资料，对工程中可能涉及的特种设备及危险性较大的分部分项工程进行了识别，由项目经理组织相关技术人员编制了项目施工组织设计和分部分项工程专项施工方案。

提升机框架主梁上平面标高为+60.000m，为提高施工效率、保证施工安全，在提升框架施工前，需先安装一台建筑塔式起重机（最大起重量为25t）进行提升框架构件的吊装。项目部按《建筑起重机械安全监督管理规定》要求，在施工所在地建设主管部门办理了施工告知。

提升机安装在提升框架顶部主梁轨道上。提升框架主梁是钢制焊接箱形结构，框架中部设有水平支撑及剪刀撑，钢结构连接采用扭剪型高强度螺栓。

冷焦排出装置重量为8.98t，安装于干熄炉底部。由于场地原因，冷焦排出装置卸车后只能放在距离干熄炉炉底中心8m距离的地方，无法用吊车将设备吊装就位。施工班组利用滚杠、拖排、枕木及手拉葫芦等工具，完成了冷焦排出装置的水平运输工作。

问题：

1. 本工程有哪几台设备安装需编制安全专项施工方案并进行专家论证？说明理由。
2. 项目部在建筑塔式起重机安装前，办理安装告知的做法是否正确？说明理由。
3. 高强度螺栓连接副在安装前需做哪些试验？高强度螺栓终拧合格的标志是什么？
4. 如何使用背景中的工具实施冷焦排出装置的水平运输工作？
5. 计算锅炉整体水压试验压力。锅炉水压试验时，对设置的压力表有哪些要求？

2023年度真题参考答案及解析

一、单项选择题

1. D;	2. B;	3. D;	4. C;	5. D;
6. B;	7. C;	8. D;	9. D;	10. D;
11. C;	12. D;	13. A;	14. B;	15. A;
16. D;	17. B;	18. A;	19. D;	20. C。

【解析】

1. D。本题考核的是安装精度的控制方法。必要时选用修配法，对补偿件进行补充加工，抵消过大的安装积累误差。

2. B。本题考核的是接闪器的试验内容。接闪器的试验内容：

(1) 测量接闪器的绝缘电阻。

(2) 测量接闪器的泄漏电流、磁吹接闪器的交流电导电流、金属氧化物接闪器的持续电流。

(3) 测量金属氧化物接闪器的工频参考电压或直流参考电压，测量 FS 型阀式接闪器的工频放电电压。

3. D。本题考核的是阀门的安装。法兰或螺纹连接阀门应关闭，因此 A 选项错误。安全阀应垂直安装，因此 B 选项错误。焊接连接时阀门应设置在开启状态，因此 C 选项错误。按介质流向确定其安装方向，因此 D 选项正确。

4. C。本题考核的是金属立式拱顶罐底板施工。A 选项错误，储罐排版应考虑焊缝要分散、对称布置。D 选项错误，底板边缘板对接接头采用不等间隙，间隙要外小内大。B 选项错误，中幅板焊接先焊短焊缝、后焊长焊缝。C 选项正确，采用反变形措施，在边缘板下安装楔铁，补偿焊缝的角向收缩。

5. D。本题考核的是凝汽器内部设备、部件的安装。凝汽器内部设备、部件的安装包括管板、隔板冷却管束的安装、连接。凝汽器组装完毕后，汽侧应进行灌水试验。灌水高度宜在汽封洼窝以下 100mm，维持 24h 应无渗漏。已经就位在弹簧支座上的凝汽器，灌水试验前应加临时支撑。灌水试验完成后应及时把水放净。

6. B。本题考核的是温度检测仪表安装。A 选项正确，测温元件安装在易受被测物料强烈冲击的位置时，应按设计要求采取防弯曲措施。压力式温度计的感温包必须全部浸入被测对象中，B 选项错误，错在"大部分"，正确的是"全部"。C 选项正确，在多粉尘的部位安装测温元件，应采取防止磨损的措施。D 选项正确，表面温度计的感温面与被测对象表面应紧密接触，并应固定牢固。

7. C。本题考核的是搪铅法施工。塘铅设备基体表面处理后应露出金属光泽，无火焰除锈描述，因此 A 选项错误。直接塘铅法塘铅不应少于 2 层，因此 B 选项错误，错在"应 1 次成型"，正确的是"不应少于 2 次"。间接搪铅法应先在被搪铅表面采用加热涂锡法进行挂锡，挂锡厚度符合要求，因此 C 选项正确。搪铅时，每层应进行中间检查，厚度应均

11

匀一致，因此 D 选项错误。

8. D。本题考核的是设备及管道绝热工程施工中的附件要求。保冷设备的裙座、支座、吊耳、仪表管座、支吊架等附件必须进行保冷，设备裙座内、外壁必须进行保冷，因此 A 选项错误，D 选项正确。

保冷层长度不得小于保冷层厚度的 4 倍或敷设至垫块处，保冷层厚度应为邻近保冷层厚度的 1/2，但不得小于 40mm，因此 B、C 选项错误。

9. D。本题考核的是烘炉的技术要点。烘炉过程中，应根据炉窑的结构和用途、耐火材料的性能、建筑季节等制定烘炉曲线和操作规程。

（1）主要内容包括：烘炉期限、升温速度、恒温时间、最高温度、更换加热系统的温度、烘炉措施、操作规程及应急预案等。

（2）烘炉后需降温的炉窑，在烘炉曲线中应注明降温速度。

10. D。本题考核的是室内供暖管道辅助设备及散热器安装。供暖分汽缸（分水器、集水器）安装前应进行水压试验，试验压力为工作压力的 1.5 倍，但不得小于 0.6MPa。

11. C。本题考核的是柔性导管敷设要求。动力工程中柔性导管长度不宜大于 0.8m，因此 A 选项错误。照明工程中柔性导管长度不宜大于 1.2m，因此 B 选项错误。金属柔性导管不应作为保护导体的接续导体，因此 D 选项错误。柔性导管与刚性导管或电气设备、器具间的连接应采用专用接头，因此 C 选项正确。

12. D。本题考核的是消声器、消声弯头制作安装要求。A 选项错误，矩形消声弯管平面边长大于 800mm 时，应设置吸声导流片。B 选项错误，消声器内消声材料的织物覆盖层应平整，不应有破损，并应顺气流方向进行搭接。C 选项错误，消声器内织物覆盖层的保护层应采用不易锈蚀的材料，不得采用普通铁丝网。D 选项正确，消声器及静压箱安装时，应设置独立支、吊架，固定应牢固。

13. A。本题考核的是线缆的施工要求。信号线缆的屏蔽性能、敷设方式、接头工艺、接地要求等应符合相关标准规定。

14. B。本题考核的是曳引式电梯施工程序。电力驱动的曳引式或强制式电梯施工程序：设备进场验收→土建交接检验→井道照明及电气安装→井道测量放线→导轨安装→曳引机安装→限速器安装→机房电气装置安装→轿厢、安全钳及导靴安装→轿厢电气安装→缓冲器安装→对重安装→曳引钢丝绳、悬挂装置及补偿装置安装→开门机、轿门和层门安装→层站电气安装→调试→检验及试验→验收。

15. A。本题考核的是工业项目的消防系统功能。自动喷水灭火系统可分为闭式系统、雨淋系统、水喷雾系统和喷水-泡沫联用系统。自动喷水灭火系统一般适用于仓库、厂房、学校、车库、酒店、超市、百货大楼、汽车、办公区域以及居民住宅。储存锌粉、碳化钙、低亚硫酸钠等遇水燃烧物品的仓库不得设置室内外消防给水。

16. D。本题考核的是施工机械选择的方法。等值成本法又称折算费用法，是通过计算折旧费用，进行比较，选择费用低者。

17. B。本题考核的是机电工程项目部与人员驻地生活直接相关的单位或个人的协调。包括：工程所在地的基层行政机构；工程所在地的公安机构；工程所在地的医疗机构；租用临时设施的出租方；工程周边的居民；其他。

18. A。本题考核的是机电工程施工进度控制的主要措施。B、D 选项属于组织措施，C 选项属于经济措施，A 选项属于技术措施。

19. D。本题考核的是压力管道设计、安装许可。GC1、GCD 覆盖 GC2。

20. C。本题考核的是建筑工程质量验收的划分原则。单位工程划分的原则：具备独立施工条件并能形成独立使用功能的建筑物或构筑物为一个单位工程；对于规模较大的单位工程，可将其能形成独立使用功能的部分划分为一个子单位工程。

二、多项选择题

21. A、C、D、E；   22. B、D、E；   23. A、B、C、D；
24. A、B、D、E；   25. B、D、E；   26. A、C、E；
27. A、D、E；   28. A、B、D、E；   29. B、C、E；
30. A、B、C。

【解析】

21. A、C、D、E。本题考核的是工程结构用合金钢。工程和建筑结构用的合金钢，包括可焊接的高强度合金结构钢、合金钢筋钢、铁道用合金钢、地质石油钻探用合金钢、压力容器用合金钢、高锰耐磨钢等。

22. B、D、E。本题考核的是塔设备的分类。塔设备按单元操作分为：精馏塔、吸收塔、解吸塔、萃取塔、反应塔、干燥塔等。A 选项"加压塔"属于按操作压力分类。C 选项"填料塔"属于按内件结构分类。

23. A、B、C、D。本题考核的是三角高程测量，三角高程测量精度的影响因素：距离误差、垂直角误差、大气垂直折光误差、仪器及视标高的误差。

24. A、B、D、E。本题考核的是起重机的起升高度计算式中的高度参数。起重机的起升高度计算时，计算式中的高度参数包括：设备高度、吊索具高度、基础高度、地脚螺栓高度、设备吊装就位之后高出地脚螺栓高度。

25. B、D、E。本题考核的是焊接用气体分类。焊接用气体分类：

(1) 保护气体：二氧化碳（CO_2）、氩气（Ar）、氦气（He）、氮气（N_2）、氧气（O_2）和氢气（H_2）。

(2) 切割用气体（包括助燃气体）：氧气；可燃气体：乙炔、丙烷、液化石油气、天然气。

26. A、C、E。本题考核的是国际机电工程项目合同风险。环境风险包括：不可抗力风险、市场和收益风险、政治风险、财经风险、法律风险。B、D 选项属于自身风险。

27. A、D、E。本题考核的是文件见证（R）点设置。文件见证（R）点设置包括：

(1) 制造厂提供质量符合性的检验记录、试验报告、原材料与配套零部件的合格证明书或质保书等技术文件。

(2) 设备制造相应的工序和试验已处于可控状态。

28. A、B、D、E。本题考核的是专项工程施工组织设计。对于施工工艺复杂或特殊的施工过程，如施工技术难度大、工艺复杂、质量要求高、采用新工艺或新产品应用的分部（分项）工程或专项工程都需要编制详细的施工技术与组织方案，因此专项工程施工组织设计也称为施工方案。

29. B、C、E。本题考核的是项目成本计划编制的方法。机械使用费中部分属于变动成本，部分属于固定成本，因此 A 选项错误。

措施费是水、电、风、汽等费用以及现场发生的其他费用，多数与工程量发生联系，属于变动成本，因此 B、C 选项正确。

工具用具使用费中，行政使用的家具费属于固定成本，因此 D 选项错误。

检验试验费、外单位管理费等与工程量增减有直接关系，则属于变动成本范围，因此 E 选项正确。

30. A、B、C。本题考核的是工程竣工结算编制。暂估价材料、工程设备和专业工程暂估价中依法必须招标的，以招标确定的中标价格取代暂估价，因此 C 选项正确。

计日工费用应按发包人实际签证确认的数量和相应项目综合单价计算，因此 D 选项错误。

暂列金额应减去合同价款调整金额、索赔和现场签证计算，如有余额归发包人，如有差额由发包人补足，因此 E 选项错误。

现场签证费用应依据发承包双方签证资料确认的金额计算，因此 A 选项正确。

已经确认的工程计量结果和合同价款在竣工结算办理中应直接进入结算，因此 B 选项正确。

三、实务操作和案例分析题

(一)

1. (1) 设备采购中，应调查供货商的技术水平、生产能力、生产周期。
(2) 设备采购文件由设备采购技术文件和设备采购商务文件组成。
2. 给水管道在穿越抗震缝敷设时，应按下列要求整改：
(1) 宜靠近建筑物预留孔的下部穿越。
(2) 应在结构缝两侧采取柔性连接，在通过抗震缝处做成门形弯头或设置伸缩节。
3. 水泵检测数据不符合规范要求之处及正确的规范要求如下：
(1) 不符合规范要求一：泵的纵向水平偏差为 0.2‰；正确的规范要求：泵的纵向水平偏差不应大于 0.1‰。
(2) 不符合规范要求二：泵轴径向位移为 0.1mm；正确的规范要求：泵轴径向位移不应大于 0.05mm。
4. (1) 图 1 中：①选用液体单向阀、②选用安全阀、③选用选择阀。
(2) 阀门的保修期限为 2 年。
(3) 保修期限从竣工验收合格之日开始计算。

(二)

1. 安装队还需补充检查压缩机机组基础的重要项目如下：
凸台上平面凹穴尺寸，平面的水平度，基础立面的铅垂度，预留地脚螺栓孔的深度和孔壁铅垂度，预埋活动地脚螺栓锚板的位置。
2. (1) 检查轴瓦内孔与轴颈时，其接触点数应符合随机文件的规定。
(2) 应使用 0.05mm 塞尺检查上下轴瓦的接合面。
(3) 接合面的合格标准是任何部位塞入深度应不大于接合面宽度的 1/3。
3. (1) 法兰安装时的密封面不得有划痕、斑点等缺陷。
(2) 设备与管道法兰连接时应检验法兰的两个参数是：平行度、同轴度。

（3）应用百分表在联轴节上监测机组的位移情况。

4. 图2中A、B、C、D各点分别存在下列安全隐患：

（1）A：高处物品未固定，存在高空坠物的隐患。

（2）B：未按照规定穿着防护服（头发应当扎到帽子里面，容易有安全隐患；不得穿裙子，应按规定穿防护服；施工现场不应穿高跟鞋，有滑倒隐患），站在机器作业区域后方，指挥倒车站位不对，有机械伤害（身体容易受到伤害）隐患。

（3）C：吊装作业不规范，存在物体打击的隐患。

（4）D：未设置警戒线，存在人员伤害的隐患。

（三）

1. 施工方案进行经济合理性比较时，还应考虑各方案的资金时间价值、对环境影响的程度、综合性价比。

2. （1）图3中的A、B点应设置在管网系统的下列位置：

① A点压力表应设置在始端（第一个阀门之后）和系统最高点（排气阀处、末端）。

② B点排气阀应设置在管道系统的最高点。

（2）计算该管道系统试压时的试验压力：

试验压力 = 1.5×设计压力× $[\sigma]_T / [\sigma]_t$ = 1.5×3×6.5 = 29.25MPa。

3. （1）应重点检查滑环下导电螺钉、中心孔堵板的密封情况。

（2）发电子转子穿装要求在定子找正完、轴瓦检查结束后进行。

4. （1）"工程质量接受意见栏"填写的依据是：设计文件、合同规定的施工内容、试车情况。

（2）建设单位拒绝接收是合理的。

（四）

1. 项目部编制的施工进度计划的工期为：90d。

最多可压缩工期：24d。

压缩费用 = 4×0.5+6×1.5+5×1+5×1+4×1+2×0.5+1×1.5 = 27.5 万元，因此需增加费用27.5 万元。

2. （1）作业人员优化配置的依据是：劳动力的种类及数量，项目的进度计划，项目的劳动力供给市场状况。

（2）项目部应根据生产任务和施工条件的变化对劳动力进行动态管理。

3. （1）项目部的施工准备包括：技术准备，现场准备，资金准备。

（2）应落实劳动力、物资资源配置。

4. （1）图5是变压器施工程序中的交接试验工序。

（2）图中的兆欧表电压等级应选择2500V。

（3）各工序之间的逻辑关系主要有先后、平行、交叉。

5. （1）变配电装置空载运行时间满足验收要求。

（2）项目部整理的技术资料应包括：施工图纸，施工记录，产品合格证说明书，试验报告单。

(五)

1. 本工程的提升机和主厂房电动双梁桥式起重机安装需编制安全专项施工方案并进行专家论证。

两台设备安装均属于起重量大于300kN的起重机械安装工程,属于超过一定规模的危险性较大的分部分项工程。

2. 项目部在建筑塔式起重机安装前,办理安装告知的做法,不正确。

理由:建设主管部门负责房屋建筑和市政工程工地安装、使用的起重机械的监督管理。本项目安装的建筑塔式起重机不属于建筑起重机械;项目中建筑塔式起重机由特种设备安全监督管理部门实施管理,应在施工所在地设区的市级特种设备安全监督部门办理安装告知。

3. (1)高强度螺栓连接副在安装前需做的试验是连接摩擦面抗滑移系数试验和复验。

(2)高强度螺栓终拧合格的标志是以拧断螺栓尾部梅花头为合格。

4. 使用背景中的工具实施冷焦排出装置的水平运输工作的方法:运输通道地基处理;从下而上依次摆放枕木、滚杠及拖排;设备固定于拖排之上;手拉葫芦牵引拖排至安装位置。

5. (1)锅炉整体水压试验压力值:$11.28 \times 1.25 = 14.1$MPa。

(2)锅炉水压试验时,对设置的压力表的要求:

已经校验合格并在检验周期内,其精度不得低于1.0级,表的满刻度值应为被测最大压力的1.5~2倍,压力表不得少于两块。

2022年度全国一级建造师执业资格考试

《机电工程管理与实务》

真题及解析

学习遇到问题？
扫码在线答疑

2022年度《机电工程管理与实务》真题

一、**单项选择题**（共20题，每题1分。每题的备选项中，只有1个最符合题意）

1. 关于机械设备润滑作用的说法，错误的是（　　）。
   A. 延长设备寿命　　　　　　　　B. 减少摩擦副的表面损伤
   C. 减小设备振动　　　　　　　　D. 保持设备良好工作性能

2. 新装110kV电力变压器注油后进行耐压试验，须最少静置的时间是（　　）。
   A. 6h　　　　　　　　　　　　　B. 12h
   C. 18h　　　　　　　　　　　　 D. 24h

3. 热力管道补偿器两侧支架偏心方向的基准点是（　　）。
   A. 补偿器边缘　　　　　　　　　B. 管道固定点
   C. 管道转弯点　　　　　　　　　D. 补偿器中心

4. 下列预防储罐壁板变形的措施中，不属于焊接技术措施的是（　　）。
   A. 壁板焊接要先纵缝后环缝　　　B. 环缝焊时焊工同一方向施焊
   C. 用弧形护板定位控制纵缝　　　D. 打底焊时焊工采用分段跳焊

5. 风力发电机组塔筒法兰内侧间隙较大时，可使用的填充材料是（　　）。
   A. 不锈钢垫片　　　　　　　　　B. 碳素钢垫片
   C. 铝合金垫片　　　　　　　　　D. 铜合金垫片

6. 下列接头中，可用于气动信号管道连接的是（　　）。
   A. 承插接头　　　　　　　　　　B. 卡套接头
   C. 螺纹接头　　　　　　　　　　D. 套管接头

7. 会产生大量漆雾飞扬和涂料回弹的防腐涂装方法是（　　）。
   A. 空气喷涂法　　　　　　　　　B. 刷涂法
   C. 高压无气喷涂法　　　　　　　D. 滚涂法

8. 将配制好的湿料倒入管道外壁及模具内成型的绝热施工方法是（　　）。
   A. 填充法　　　　　　　　　　　B. 浇注法
   C. 涂抹法　　　　　　　　　　　D. 拼砌法

9. 设计未注明时，塑料给水管的试验压力应是工作压力的（　　）。
   A. 1.15倍　　　　　　　　　　　B. 1.25倍

C. 1.5 倍 D. 2.0 倍

10. 关于接地模块施工的说法，错误的是（ ）。
A. 接地模块的顶面埋深不应小于 0.6m
B. 接地模块的间距不应小于模块长度的 3~5 倍
C. 接地模块的接地干线应串联焊接成一个环路
D. 接地模块的干线环路引出线不应少于 2 处

11. 下列加固方式中，风管加固通常不采用的是（ ）。
A. 槽钢内支撑 B. 钢管内支撑
C. 圆钢内支撑 D. 扁钢内支撑

12. 关于光缆采用牵引机敷设的说法，错误的是（ ）。
A. 牵引力不应超过 150kg B. 牵引速度宜为 10m/min
C. 牵引力应加在加强芯上 D. 牵引长度不宜超过 2km

13. 自动扶梯扶手带的运行速度相对梯级速度的最大允许偏差为（ ）。
A. +1% B. +2%
C. +3% D. +5%

14. 七氟丙烷灭火系统组件中的阀门不包括（ ）。
A. 选择阀 B. 安全阀
C. 隔膜阀 D. 液流单向阀

15. 合同履行过程中发生下列情况时，不能进行合同变更的是（ ）。
A. 减少合同中任何工作 B. 改变合同中质量标准
C. 随意转由他人实施的工作 D. 改变工程基线和标高

16. 关于设备采购商务评审时的做法，正确的是（ ）。
A. 对技术评审不合格厂商不再做商务评审
B. 在评审时参加的相关商务专家不可外聘
C. 潜在供应商的商务标无需逐项做出评价
D. 在商务评审的基础上就能组织综合评审

17. 关于施工总平面管理的说法，正确的是（ ）。
A. 施工总平面的管理由各分包单位负责分片管理
B. 分包单位不得随意变动已批准的施工总平面图
C. 分包单位的平面布置经项目经理批准后可变动
D. 建设单位不可委托分包单位进行总平面的管理

18. 机电工程项目的资金使用效果考核指标中，不包括（ ）。
A. 资金周转率 B. 资金占用率
C. 资金产值率 D. 资金利用率

19. 下列机电工程项目内部协调管理的措施中，属于组织措施的是（ ）。
A. 定期召开协调会议 B. 服从协调管理指示
C. 明确各级责任义务 D. 给受损者适当补偿

20. 中间交接验收时，无需建设单位生产管理部门确认的工作是（ ）。
A. 管理文件汇总 B. 系统吹扫情况
C. 管道耐压试验 D. 设备无损检测

二、多项选择题（共10题，每题2分。每题的备选项中，有2个或2个以上符合题意，至少有1个错项。错选，本题不得分；少选，所选的每个选项得0.5分）

21. 下列有色金属材料中，属于轻金属的是（　　）。
    A. 镍合金　　　　　　　　　B. 钛合金
    C. 铝合金　　　　　　　　　D. 镁合金
    E. 铬合金

22. 直驱式风电机组的组成系统包括（　　）。
    A. 叶轮总成　　　　　　　　B. 测风系统
    C. 电控系统　　　　　　　　D. 齿轮变速
    E. 防雷保护

23. 三角高程测量使用的仪器有（　　）。
    A. 经纬仪　　　　　　　　　B. 水准仪
    C. 全站仪　　　　　　　　　D. 准直仪
    E. 测距仪

24. 起重机进行吊装作业时的吊装载荷包括（　　）。
    A. 设备或构件重量　　　　　B. 设备加固件重量
    C. 吊具和索具重量　　　　　D. 起重机吊臂重量
    E. 起重机吊钩重量

25. 结构形状复杂和刚性大的厚大焊件焊接，选择的焊条应具备的特性有（　　）。
    A. 抗裂性好　　　　　　　　B. 强度高
    C. 刚性强　　　　　　　　　D. 韧性好
    E. 塑性高

26. 下列计量检定，属于按检定的目的和性质分类的有（　　）。
    A. 强制检定　　　　　　　　B. 首次检定
    C. 周期检定　　　　　　　　D. 仲裁检定
    E. 后续检定

27. 未安装用电计量装置的临时用电工程，计收电费的依据有（　　）。
    A. 用电容量　　　　　　　　B. 用电时间
    C. 规定电价　　　　　　　　D. 用电电压
    E. 用电质量

28. 关于压力管道施工资质的说法，正确的有（　　）。
    A. 安装城市热力管道的施工单位应取得GB1资质
    B. 安装城市燃气管道的施工单位必须取得GA2资质
    C. 安装输送6MPa天然气管道的施工单位应取得GC1资质
    D. 安装输送8MPa蒸汽温度460℃管道的施工单位应取得GC1资质
    E. 安装设计压力为12MPa原油长输管道的施工单位必须取得GA1资质

29. 关于单位工程控制资料检查记录表的填写，正确的有（　　）。
    A. 资料名称应由施工单位填写　　　B. 资料份数应由监理单位填写
    C. 检查意见应由监理单位填写　　　D. 检查结论需由建设单位填写
    E. 签字人为项目部技术负责人

30. 下列材料中,需要进行现场取样检测的有(   )。
   A. 电线电缆
   B. 水管橡塑保温
   C. 塑壳开关
   D. 风管岩棉保温
   E. 照明灯具

三、实务操作和案例分析题(共5题,(一)、(二)、(三)题各20分,(四)、(五)题各30分)

(一)

背景资料:

某施工单位中标南方一高档商务楼机电工程项目,工程内容包括:建筑给水排水、建筑电气、通风与空调和智能化系统等;工程主要设备由建设单位指定品牌,施工单位组织采购。

商务楼空调采用风机盘管加新风系统,空调水为二管制系统;机房空调系统采用进口的恒温恒湿空调机组。管道保温采用岩棉管壳,用钢丝捆扎。商务楼机电工程完工时间正值夏季,商务楼空调系统进行了带冷源的联合调试,空调系统试运行平稳可靠。施工单位组织了竣工预验收,预验收中发现以下质量问题:

(1) 风机盘管机组的安装资料中,没查到水压试验记录,其安装如图1所示。
(2) 管道保温壳的捆扎金属丝间距为400mm,且每节捆扎1道。
(3) 竣工资料中进口恒温恒湿空调机组的产品说明书中无中文说明。

施工单位对预验收中存在的工程质量问题进行了整改,并整理了竣工资料,将工程项目移交建设单位。

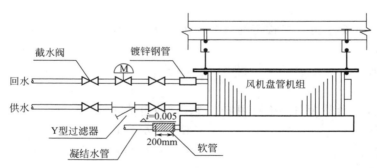

图1 风机盘管机组安装示意图

问题:

1. 风机盘管安装前应进行哪些试验?图1中的风机盘管安装存在哪些错误?如何整改?
2. 管道的绝热施工是否符合要求?说明理由。
3. 商务楼工程未进行带热源的系统联合试运行,是否可以进行竣工验收?说明理由。
4. 进口恒温恒湿空调机组的产品说明书中无中文说明是否符合验收要求?如何改正?

(二)

背景资料：

某电力公司承接一办公楼变配电室安装工程，工程内容包括：高低压成套配电柜、电力变压器、插接母线、槽盒、高压电缆等采购及安装。

电力公司的采购经理依据业主方提出的设备采购相关规定，编制了设备采购文件，经各部门工程师审核及项目经理审批后实施采购。

因疫情原因，导致劳务人员无法从外省市来该项目施工，造成项目劳务失衡、劳务与施工要求脱节，配电柜安装不能按计划进行。电力公司对劳务人员实施动态管理，调动本市的劳务人员前往该项目施工。

配电柜柜体安装固定后，专业监理工程师检查指出，部分配电柜安装不符合规范要求（图2），施工人员按要求进行了整改。

在敷设配电柜信号传输线时，质检员巡视中，发现信号传输线的线芯截面没有达到设计要求，属于不合格材料，要求施工人员停工，在上报项目部后，施工人员按要求将已敷设的信号线全部拆除。

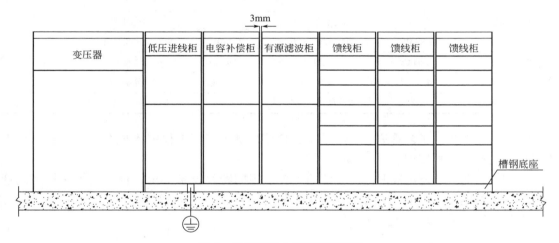

图2 低压侧配电柜安装示意图

问题：

1. 设备采购文件编制依据应包括哪些文件？本项目的设备采购文件审批人是否正确？
2. 电力公司如何对劳务人员进行动态管理？对进场的劳务人员有何要求？
3. 写出图2中整改的规范要求。柜体垂直度及成列盘面允许偏差是多少？
4. 当发现不合格信号线时应如何处置？

（三）

背景资料：

某工程使用 3 台热管蒸汽发生器提供蒸汽，产生的蒸汽经集气缸汇集后，由一条蒸汽管道输送至用汽车间。热管蒸汽发生器部分数据见表 1。

表 1　热管蒸汽发生器部分数据

额定蒸发量(t/h)	1.0	额定蒸汽压力(MPa)	1.0
锅内水容积(L)	27	额定蒸汽温度(℃)	190
NO_x 排放(mg/m^3)	<30	机组重量(kg)	2980

蒸汽管道采用无缝钢管，材质为 20 号钢，蒸汽管道设计压力为 1.0MPa，设计温度为 190℃，属于 GC2 级压力管道；管道连接方式为氩电联焊，焊缝按照设计要求进行射线检测；管道阀门采用法兰连接；管道需保温。蒸汽集汽缸数据见表 2。

表 2　蒸汽集汽缸数据

产品名称	集汽缸				ⓉⓈ
产品编号	—	压力容器类型	Ⅱ类	制造日期	—
设计压力	1.6MPa	耐压试验压力	2.2MPa	最高允许工作压力	—
设计温度	203℃	容器净重	296kg	主体材料	Q345R
容积	$0.28m^3$	工作介质	水蒸气	产品标准	
制造许可级别	D	制造许可证编号	—		

工程所有设备、工艺管道、电气系统及自控系统等安装工程由 A 安装公司承担，B 工程咨询公司担任工程监理。

工程开工后，A 公司根据特种设备的有关法规向特种设备安全管理部门提交了蒸汽管道和集气缸的施工告知书，监理工程师认为蒸汽发生器是整个系统压力和温度最高的设备，也应按特种设备的要求办理施工告知。

问题：

1. 监理工程师要求蒸汽发生器也按特种设备的要求办理施工告知是否正确？说明理由。
2. 管道安装中，哪些人员需持证上岗？
3. 计算蒸汽管道的水压试验压力，蒸汽集汽缸能否与管道作为一个系统按管道试验压力进行试验？说明理由。
4. 本工程施工需要哪些主要施工机械及工具？

（四）

背景资料：

某机电施工单位通过招标，总承包某超高层商务楼机电安装工程。承包范围：建筑给水排水、建筑电气、空调通风、消防和电梯工程等。工程所需的三联供机组、电梯和自动扶梯等主要设备已由建设单位通过招标选定制造厂家，且建设单位已与制造厂签订了三联供机组等设备的供货合同。

招标文件中，电梯和自动扶梯是由电梯制造厂负责安装及运维的。为方便现场施工协调，建设单位授权机电施工单位按主合同的招标条件与电梯制造厂签订供货和安装合同，工期为210d，不可延误，每延误一天扣罚5万元人民币。因电梯、自动扶梯是特种设备，机电施工单位对电梯制造厂进行安装资质等内容的审核，并检查了电梯制造厂提交的安装资料。

自动扶梯等设备进场验收合格，资料齐全。安装后，某台自动扶梯试运行时，发生机械传动部分故障，经检查是某个梯级轴（图3）存在质量问题，影响了自动扶梯的安装精度和运行质量，损坏了中间传动环节，经制造厂提供零部件返工返修后，自动扶梯安装试运行合格，使整个工期耽误了14d，为此，建设单位扣罚了机电施工单位的延误费用，机电施工单位对扣罚的费用提出异议。

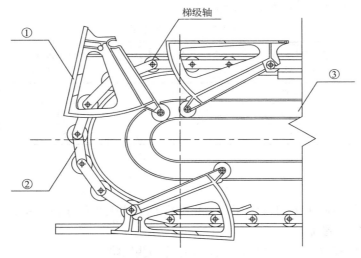

图3　自动扶梯机械传动部分安装示意图

问题：

1. 三联供机组、电梯和自动扶梯应分别由哪个单位负责监造？
2. 自动扶梯进场验收的技术资料必须提供哪些文件的复印件？随机文件有哪些内容？
3. 自动扶梯机械传动部分安装示意图中的①、②、③分别表示什么部件？
4. 自动扶梯设备制造对安装精度的影响主要是哪几个原因？直接影响自动扶梯设备运行质量的有哪几个原因？
5. 建设单位扣罚了机电施工单位多少延误费用？是否正确？说明理由。机电施工单位应如何处理？

（五）

背景资料：

A施工单位中标北方某石油炼化项目。项目的冷换框架采用模块化安装，将整个冷换框架分成4个模块，最大一个模块重132t，体积尺寸为12m×18m×26m。并在项目旁设立预制厂，进行模块的钢结构制作、换热器安装、管道敷设、电缆桥架安装和照明灯具安装等。由项目部对模块的制造质量、进度、安全等方面进行全过程管理。

A施工单位项目部进场后，策划了节水、节地的绿色施工内容，组织单位工程绿色施工的施工阶段评价。对预制厂的模块制造进行危险识别，识别了触电、物体打击等风险。监理工程师要求项目部完善策划。

在气温为-18℃时，订购的低合金材料运抵预制厂。项目部质检员抽查了材料质量，并在材料下料切割时，抽查了钢材切割面有无裂纹和大于1mm的缺棱，对变形的型材，在露天进行冷矫正，项目部质量经理发现问题后，及时进行了纠正。

模块制造完成后，采用1台750t履带起重机和1台250t履带起重机及平衡梁的抬吊方式安装就位。

模块建造费用见表3，项目部用赢得值法分析项目的相关偏差，指导项目运行，经过4个月的紧张施工，单位工程陆续具备验收条件。

表3 模块建造费用

项目	第一个月底时累计（万元）	第二个月底时累计（万元）	第三个月底时累计（万元）	第四个月底时累计（万元）
已完工程预算费用	600	960	1350	1680
计划工程预算费用	550	950	1500	1700
已完工程实际费用	660	1080	1580	1760

问题：

1. 项目部的绿色施工策划还应补充哪些内容？单位工程施工阶段的绿色施工评价由谁组织？并由哪些单位参加？
2. 项目部还应在预制厂识别出模块制造时的哪些风险？
3. 在型钢矫正和切割面检查方面有什么不妥和遗漏之处？
4. 吊装作业中的平衡梁有何作用？
5. 第二月底到第三月底期间，项目进度超前还是落后了多少万元？此期间项目盈利还是亏损了多少万元？

2022 年度真题参考答案及解析

一、单项选择题

1. C；	2. B；	3. D；	4. C；	5. A；
6. B；	7. A；	8. B；	9. C；	10. C；
11. A；	12. D；	13. B；	14. C；	15. C；
16. A；	17. B；	18. B；	19. A；	20. A。

【解析】

1. C。本题考核的是机械设备润滑的主要作用。本题考点在2020年的真题中考核的是多项选择题，在2022年考试中以单项选择题的形式又进行了考核，考生需重点记忆。机械设备通过润滑剂减少摩擦副的摩擦、表面破坏和降低温度，使设备具有良好工作性能，延长使用寿命，因此C选项错误。

2. B。本题考核的是变压器交接试验中的绕组连同套管的交流耐压试验。对于本题来说，属于挖空式的选择题。对于大容量电力变压器新装注油以后，必须经过静置12h，才能进行耐压试验。对10kV以下小容量的电力变压器，静置5h以上才能进行耐压试验。

3. D。本题考核的是热力管道支架、托架安装要求。热力管道补偿器安装时应偏心，偏心的方向都应以补偿器的中心为基准，偏心的长度是该点距固定点的管道热伸量的一半。

4. C。本题考核的是预防储罐壁板变形的技术措施。C选项属于预防储罐焊接变形的组装技术措施。A、B、D选项属于预防储罐壁板变形的焊接技术措施。

5. A。本题考核的是风力发电设备塔筒安装要求。对于本题来说，考核难度不大，考核考试用书的原文内容，考生只要认真复习过此处内容，即可答出本题。塔筒安装要求中，塔筒就位紧固后塔筒法兰内侧的间隙有多大属于硬性规定，规定是：应小于0.5mm，当大于这个规定时，就要使用不锈钢垫片填充。

6. B。本题考核的是气动信号管道连接。气动信号管道连接无法避免中间接头时，应采用卡套式接头连接。

7. A。本题考核的是涂料涂层防腐蚀施工方法。本考点的一般出题形式有：（1）根据特点去选择相应的涂料涂层防腐蚀施工方法；（2）对涂料涂层防腐蚀施工方法特点分析判断正误。第一种考核形式比较典型，如在2021年、2022年考试中均以第一种出题形式考核本考点的内容。涂料涂层施工中，采用高压无气喷涂法施工，可以克服一般空气喷涂施工时会产生涂料回弹和大量漆雾飞扬的现象，因此本题选A。

8. B。本题考核的是绝热层施工方法。本考点一般考查选择题，在2010年、2012年均考核的是绝热层施工方法定义，属于送分题，考生只要记住绝热层施工方法定义即可做出本题。拼砌法是用块状绝热制品紧靠设备及管道外壁砌筑的施工方法。填充法是用粒状或棉絮状绝热材料填充到设备及管道壁外的空腔内的施工方法。浇注法是将配制好的液态原料或湿料倒入设备及管道外壁设置的模具内，使其发泡定型或养护成型。涂抹法是将绝热涂料采用涂抹的方法敷设在设备及管道表面。综上所述，本题选B。

9．C。本题考核的是室内给水管道系统水压试验。本考点在2014年考查过案例题，又在2022年考试中考查了单项选择题，考生要掌握本考点内容。室内给水管道的水压试验必须符合设计要求。当设计未注明时，各种材质的给水管道系统试验压力均为工作压力的1.5倍，但不得小于0.6MPa。

10．C。本题考核的是建筑接地工程采用接地模块的施工技术要求。接地模块应集中引线，并应采用干线将接地模块并联焊接成一个环路，因此C选项错误，错在"串联"二字，正确的是"并联"。本题中其余选项均正确。

11．A。本题考核的是镀锌钢板风管制作。风管的加固形式有：角钢加固、折角加固、立咬口加固、扁钢内支撑、镀锌螺杆、杆内支撑、钢管内支撑加固。槽钢多用于房屋搭建的支撑结构。

12．D。本题考核的是光缆的施工要求。本考点在2016年考查了多项选择题，又在2022年考试中考查了单项选择题，该考点中数值规定很容易作为错误选项进行设置，考生需牢记。敷设光缆时，一次牵引的直线长度不宜超过1km，因此D选项错误，D选项中数值错误，正确的是"1km"。本题中其余选项均正确。

13．B。本题考核的是自动扶梯整机安装验收要求。本考点在2015年、2021年、2022年均以选择题的形式进行了考查，虽然考查的是不同的验收要求，可见本考点中任一验收要求都有可能出选择题，考生要牢记。自动扶梯扶手带的运行速度相对梯级、踏板或胶带的速度允许偏差为0~+2%，本题要求"最大允许偏差"，因此B选项符合题意要求。此处着重说明一下±5%这个数值，这个是自动扶梯的性能试验，在额定频率和额定电压下，梯级、踏板或胶带沿运行方向空载时的速度与额定速度之间的允许偏差，考生不要混淆记忆。

14．C。本题考核的是七氟丙烷灭火系统的组成。七氟丙烷自动灭火系统由储存瓶组、储存瓶组架、液流单向阀、集流管、选择阀、三通、异径三通、弯头、异径弯头、法兰、安全阀、压力信号发送器、管网、喷嘴、药剂、火灾探测器、气体灭火控制器、声光报警器、警铃、放气指示灯、紧急启动/停止按钮等组成，因此不包括C选项隔膜阀，A、B、D选项均属于七氟丙烷灭火系统组件。

15．C。本题考核的是合同变更的范围。除专用合同条款另有约定外，合同履行过程中发生以下情形的，应进行变更：（1）增加或减少合同中任何工作，或追加额外的工作；（2）取消合同中任何工作，但转由他人实施的工作除外；（3）改变合同中任何工作的质量标准或其他特性；（4）改变工程的基线、标高、位置和尺寸。综上所述，A、B、D选项描述的情况需进行合同变更，C选项描述的情况不能进行合同变更。

16．A。本题考核的是设备采购商务评审。对于技术评审不合格的厂商不再做商务评审，因此A选项正确。商务评审由采购工程师（或费控工程师）组织，由相关专业的专家进行评审（可外聘专家），因此B选项错误，错在"专家不可外聘"这几个字，正确的是"专家可外聘"。设备采购商务评审时，对照招标书逐项对各潜在供应商的商务标的响应性做出评价，重点评审供货商的价格构成是否合理并具有竞争力，因此C选项错误。设备采购商务评审时，采购经理在技术评审和商务评审的基础上组织综合评审，因此D选项错误，错在"在商务评审的基础上就能"这几个字，正确的是"在技术评审和商务评审的基础上"。

17．B。本题考核的是施工总平面的管理。本题要求选择正确的选项，采取排除法就可以做出本题。工程实行施工总承包的，施工总平面的管理由总承包单位负责，因此A选项错误。施工分包单位对已批准的施工总平面布置，不得随意变动，因此 B 选项正确。分包单位的平面布置需要变动，需向施工总平面图管理单位提出书面申请报告，经批准后才能实施，因此 C 选项错误。未实行施工总承包的，施工总平面的管理应由建设单位负责统一管理或委托某主体工程分包单位管理，因此 D 选项错误。

18. B。本题考核的是资金使用的控制。考核资金使用效果的指标主要有：资金周转率、资金产值率、资金利用率，因此不包括 B 选项资金占用率。

19. A。本题考核的是机电工程项目内部协调管理的措施。A 选项属于组织措施，C 选项属于制度措施，D 选项属于经济措施，B 选项表述不正确，正确的表述是：定期组织召开施工协调会。

20. A。本题考核的是机电工程中间交接验收组织。建设单位生产管理部门确认下列情况：（1）工艺、动力管道耐压试验和系统吹扫情况；（2）静设备无损检测、强度试验和清扫情况；（3）确认动设备单机试运行情况；（4）确认大型机组试运行和联锁保护情况；（5）确认电气、仪表的联校情况，确认装置区临时设施的清理情况。综上所述，B、C、D 选项描述的情况均需建设单位生产管理部门确认。进行中间交接验收组织时，承包方把审查的技术资料和管理文件汇总整理，因此 A 选项描述的工作无需建设单位生产管理部门确认。

二、多项选择题

21. B、C、D；　　　　22. A、B、C、E；　　　　23. A、C、E；
24. A、B、C、E；　　25. A、D、E；　　　　　　26. B、C、D、E；
27. A、B、C；　　　　28. C、D、E；　　　　　　29. A、C、D；
30. A、B、D、E。

【解析】

21. B、C、D。本题考核的是有色金属材料。有色金属又称非铁金属，指除黑色金属外的金属和合金。有色金属可分为重金属、轻金属、贵金属及稀有金属。其中，轻金属密度小于 4500kg/m³，如钛、铝、镁、钾、钠、钙、锶、钡等。B 选项钛合金、C 选项铝合金、D 选项镁合金属于轻金属。A 选项镍合金属于重金属，E 选项铬合金属于黑色金属。

22. A、B、C、E。本题考核的是风力发电机组的组成。直驱式风电机组主要由塔筒（支撑塔）、机舱总成、发电机、叶轮总成、测风系统、电控系统和防雷保护系统组成，因此 A、B、C、E 属于直驱式风电机组的组成系统。D 选项属于双馈式风电机组的组成系统。

23. A、C、E。本题考核的是三角高程测量仪器。对于三角高程测量这个考点，在 2021 年考试中考查了三角高程测量影响测量精度的因素，在 2022 年又考查了三角高程测量仪器，本考点内容需要考生熟悉。三角高程测量仪器：经纬仪、全站仪和（激光）测距仪，因此本题选 A、C、E。

24. A、B、C、E。本题考核的是吊装载荷的组成。本考点在 2021 年、2022 年考查了多项选择题，因此考生要牢记。本题实质是考查吊装载荷的定义，只要记住了该知识点就能做出本题。吊装载荷的组成：被吊物（设备或构件）在吊装状态下的重量和吊具、索具重量（流动式起重机一般还应包括吊钩重量和从臂架头部垂下至吊钩的起升钢丝绳重量），因此本题选 A、B、C、E。

25. A、D、E。本题考核的是焊条选用原则。对结构形状复杂、刚性大的厚大焊件，在焊接过程中，冷却速度快，收缩应力大，易产生裂纹，应选用抗裂性好、韧性好、塑性高、氢致裂纹倾向低的焊条，因此本题选 A、D、E。

26. B、C、D、E。本题考核的是计量检定的分类。该考点一般考查单项选择题，如 2009 年、2014 年、2015 年均以单项选择题的形式考查了计量检定的分类。计量检定按其检定的目的和性质分为：首次检定、后续检定、使用中检定、周期检定和仲裁检定，因此本题选 B、C、D、E。A 选项强制检定属于计量检定按检定的必要程序和我国依法管理的形式分类。

27. A、B、C。本题考核的是临时用电工程安装用电计量装置的要求。临时用电的施工单位，只要有条件就应安装用电计量装置；对不具备安装条件的，可按其用电容量、用电时间、规定的电价计收电费，因此本题选 A、B、C。

28. C、D、E。本题考核的是压力管道设计、安装许可。A 选项错误，错误之处是"GB1"，正确的是"GB2"。B 选项错误，错误之处是"GA2"，正确的是"GB1"。C 选项中，天然气属于甲类可燃气体，因此 C 选项描述的情形是正确的。输送流体介质，设计压力≥4.0MPa 且设计温度≥400℃的工艺管道设计、安装须具备 GC1 级资质，因此 D 选项描述的情形是正确的。设计压力≥6.3MPa 的长输输油管道设计、安装须具备 GA1 级资质，因此 E 选项描述的情形是正确的。综上所述，本题选 C、D、E。

29. A、C、D。本题考核的是工业安装工程单位（子单位）工程控制资料检查记录。本考点内容在 2013 年考查了单项选择题，在 2022 年考试中考查了多项选择题。B 选项错误，资料份数由施工单位填写。E 选项错误，记录表签字人为施工单位项目负责人和建设单位项目负责人（总监理工程师）。本题中其余选项均正确。

30. A、B、D、E。本题考核的是建筑安装工程质量验收要求。对于涉及节能、环境保护和主要使用功能的试件、设备及材料，应按规定进行见证取样检测。橡塑保温管是环保节能产品，因此 B 选项描述的材料需要进行现场取样检测。岩棉是一种天然、防火、环保、绝热的保温材料，因此 D 选项描述的材料需要进行现场取样检测。电线电缆进场后必须要进行见证取样复试，因此 A 选项正确。配电与照明节能工程使用的照明光源、照明灯具及其附属装置等进场时，应对其性能进行复验，复验应为见证取样检验，因此 E 选项正确。

三、实务操作和案例分析题

（一）

1.（1）风机盘管安装前应进行风机三速试运行、盘管水压试验。

（2）图 1 中的风机盘管安装存在的错误之处及整改措施如下：

① 错误之处一：风机盘管机组与冷冻水回水采用镀锌钢管。

整改措施：风机盘管机组及其他空调设备与管道的连接，应采用金属或非金属柔性接管。

② 错误之处二：凝结水管坡度为 $i=0.005$。

整改措施：管道坡度宜大于或等于 8‰，且应坡向出水口。

③ 错误之处三：凝结水管与风机盘管的软管，长度为 200mm。

整改措施：凝结水管与风机盘管连接时，宜设置透明胶管，长度不宜大于 150mm。

④ 错误之处四：凝结水管 Y 型过滤器安装方向相反。

整改措施：调转凝结水管 Y 型过滤器安装方向（水平旋转 180°），使过滤器朝向右。

2. 管道的绝热施工不符合要求。

理由：管道保温壳的捆扎金属丝间距为 400mm，不符合要求，其间距应为 300～350mm；管道保温壳的捆扎金属丝每节捆扎 1 道，不符合要求，每节至少应捆扎 2 道。

3. 商务楼工程未进行带热源的系统联合试运行，可以进行竣工验收。

理由：商务楼机电工程完工时间正值夏季，商务楼空调系统进行带冷源的联合调试，空调热源的试运行条件与环境条件相差较大，不适合做带热源的联合试运行，故可仅做带冷源的系统试运行，工程即可实现使用功能，具备竣工验收条件，并在工程竣工验收报告中注明系统未进行带热源的试运行，待室外温度条件合适时完成。

4. 恒温恒湿空调机组无中文说明不符合验收要求。

改正措施：根据《通风与空调工程施工质量验收规范》GB 50243—2016 的规定，进口材料与设备应提供有效的商检合格证明、中文质量证明等文件，故竣工资料中进口恒温恒湿空调机组的产品说明书中没有中文说明不符合要求，应要求施工单位与设备供应商联系，获得中文说明书，以便移交业主，保证物业今后的运行。

（二）

1. 设备采购文件编制依据应包括：工程项目建设合同、设备请购书、采购计划、业主方对设备采购的相关规定。

本项目的设备采购文件审批人正确。

2. 电力公司对劳务人员进行以下动态管理：应根据施工任务和施工条件变化对劳务人员进行跟踪平衡、协调。

对进场劳务人员的要求：进场劳务人员需取得特种作业操作证（电工证）。

3. （1）图 2 中不符合规范的地方及整改：

① 柜体的相互间接缝 3mm 不符合规范要求，其间隙应≤2mm。

② 基础型钢仅有 1 处接地不符合规范要求，基础型钢的接地应不少于 2 处。

（2）柜体垂直度偏差≤1.5‰，柜体的成列盘面允许偏差≤5mm。

4. 当发现不合格的信号线时应按下列方式进行处置：

（1）应立即停止施工作业（或停止材料使用、信号线敷设）和进行标识隔离，并通知业主和监理。

（2）及时追回不合格信号线。

（3）联系供货单位提出更换或退货。

（三）

1. 监理工程师要求蒸汽发生器也按特种设备的要求办理施工告知不正确。

理由：虽然蒸汽发生器的额定蒸汽压力为 1.0MPa，但是蒸汽发生器的容积为 27L，不足 30L，不属于特种设备的规定范围，故不需要办理施工告知。而施工告知是对特种设备的管理要求。

2. 蒸汽管道属于压力容器（特种设备）。管道安装中，下列人员要持证上岗：起重工、电工、焊工、切割工、无损检测人员、叉车工。

3.（1）蒸汽管道的水压试验压力为1.5MPa。

（2）蒸汽集汽缸能与管道作为一个系统按管道试验压力进行试验。

理由：蒸汽管道的水压试验压力（1.5MPa）<蒸汽集汽缸的耐压试验压力（2.2MPa），此时应按管道的试验压力进行试验。

4.本工程施工需要的主要施工机械及工具：汽车起重机、电焊机、试压泵、管道切割机（或火焰切割工具）、小型起重工具（手拉环链葫芦等）等。

（四）

1.（1）三联供机组由建设单位负责监造，因为三联供机组是由建设单位与制造厂签订的供货合同。

（2）电梯和自动扶梯应由机电施工单位负责监造。因为电梯是建设单位授权机电施工单位按招标条件与制造厂签订供货和工程安装合同，其采购合同的主体是机电施工单位和制造厂家。

2.自动扶梯进场验收的技术资料必须提供：

（1）梯级的型式检验报告复印件。

（2）扶手带（胶带）的断裂强度证书复印件。

随机文件有：土建布置图；产品出厂合格证；装箱单；安装、使用维护说明书；动力电路和安全电路的电气原理图。

3.自动扶梯机械传动部分安装示意图中：①代表梯级；②代表梯级链（又称牵引链条或踏板链）；③代表导轨系统。

4.（1）自动扶梯设备制造对安装精度的影响主要是：加工精度、装配精度。

（2）直接影响自动扶梯设备运行质量的原因有：各运动部件之间的相对运动精度、配合面之间的配合精度、配合面之间的接触质量。

5.（1）建设单位扣罚了机电施工单位的延误费用：$5 \times 14 = 70$万元。

（2）扣罚正确。

理由：因为招标时，建设单位授权机电施工单位按主合同的招标条件与电梯制造厂签订电梯、自动扶梯的供货和安装合同。因此，自动扶梯签订合同的主体是机电施工单位，其延误罚款费用应由机电施工单位负责。

（3）因自动扶梯的质量故障造成工期拖延，机电施工单位应根据供货合同的相应条款，向电梯制造厂追讨相关的费用。

（五）

1.（1）项目部的绿色施工策划还应补充：节能、节材、环境保护。

（2）单位工程施工阶段的绿色施工评价由监理单位组织。

（3）并由建设单位和项目部参加。

2.项目部还应在预制厂识别出模块制造时的风险有：高处坠落、射线损伤、吊装作业、脚手架作业。

3.（1）不妥之处：此时的气温为-18℃，对变形的型材，在露天进行冷矫正；因为低合金结构钢低于-12℃时，不应进行冷矫正和冷弯曲。

（2）遗漏之处：在材料下料切割时，还应抽查钢材切割面有无裂纹、夹渣、分层和大于 1mm 的缺棱，并应全数检查。

4. 吊装作业中的平衡梁的作用：

（1）缩短吊索的高度，减小动滑轮的起吊高度。

（2）保持被吊设备的平衡，避免吊索损坏设备。

（3）减少设备起吊时所承受的水平压力，避免损坏设备。

（4）多机抬吊时，合理分配或平衡各吊点的荷载。

5. 根据表 3 模块建造费用：

$BCWP = 1350 - 960 = 390$ 万元

$BCWS = 1500 - 950 = 550$ 万元

$ACWP = 1580 - 1080 = 500$ 万元

$SV = BCWP - BCWS = 390 - 550 = -160$ 万元，第二月底到第三月底期间，项目进度落后 160 万元。

$CV = BCWP - ACWP = 390 - 500 = -110$ 万元，此期间项目亏损 110 万元。

2021年度全国一级建造师执业资格考试

《机电工程管理与实务》

真题及解析

学习遇到问题？
扫码在线答疑

2021年度《机电工程管理与实务》真题

一、单项选择题（共20题，每题1分。每题的备选项中，只有1个最符合题意）

1. 热力管道与其他管道共架敷设时，疏水器应安装在（　　）。
   A. 流量孔板前侧 B. 管道集气处
   C. 流量孔板后侧 D. 管道最高点

2. 下列防腐施工方法中，漆料省、效率高的是（　　）。
   A. 高压无气喷涂法 B. 刷涂法
   C. 空气喷涂法 D. 滚涂法

3. 室内排水管道的施工程序中，防腐的紧后工序是（　　）。
   A. 水压试验 B. 通水试验
   C. 灌水试验 D. 通球试验

4. 关于耐火砖砌筑施工的说法，正确的是（　　）。
   A. 砌砖时应使用铁锤找正
   B. 反拱底应从中心向两侧对称砌筑
   C. 砌砖中断时应做成断面平齐的直槎
   D. 拱的砌筑应从拱脚一侧依次砌向另一侧

5. 下列硬质绝热制品的捆扎方法中，正确的是（　　）。
   A. 应螺旋式缠绕捆扎 B. 多层一次捆扎固定
   C. 每块捆扎至少一道 D. 振动部位加强捆扎

6. 下列整定内容中，属于配电装置过电流保护整定的是（　　）。
   A. 合闸元件整定 B. 温度元件整定
   C. 时间元件整定 D. 方向元件整定

7. 下列安装工序中，不属于光伏发电设备安装程序的是（　　）。
   A. 汇流箱安装 B. 逆变器安装
   C. 集热器安装 D. 电气设备安装

8. 关于钢结构框架分段安装的做法，错误的是（　　）。
   A. 铣平面应均匀接触，接触面积不应小于75%

B. 框架节点采用焊接连接时，不得设置定位螺栓
C. 在地面拼装的框架，其焊缝需进行无损检测
D. 在安装的框架上施加临时载荷时，应经验算

9. 下列设备基础中，属于按使用功能划分的是（   ）。
   A. 垫层基础   B. 联合基础
   C. 减振基础   D. 箱式基础

10. 塑料绝缘铠装多芯电缆的最小允许弯曲半径是电缆外径的（   ）。
    A. 10 倍   B. 12 倍
    C. 15 倍   D. 20 倍

11. 关于洁净层流罩安装调试的说法，错误的是（   ）。
    A. 应采用独立的防晃支架   B. 利用生产设备作为支撑
    C. 安装高度允许偏差 1mm   D. 不小于 1h 的连续试运转

12. 下列自动扶梯故障中，必须通过安全触点电路来完成开关断开的是（   ）。
    A. 无控制电压   B. 接地故障
    C. 电路过载   D. 踏板下陷

13. 关于建筑设备监控系统输入设备安装的说法，正确的是（   ）。
    A. 铂温度传感器的接线电阻应小于 1Ω
    B. 电磁流量计应安装在流量调节阀下游
    C. 风管型传感器应在风管保温前安装
    D. 涡轮式流量传感器应垂直安装

14. 下列机电工程项目采购类型中，按采购内容划分的不包括（   ）。
    A. 工程采购   B. 货物采购
    C. 询价采购   D. 服务采购

15. 商务报价的策略中不包括（   ）。
    A. 不平衡报价   B. 多方案报价
    C. 突出工期目标   D. 无利润竞标

16. 规避国际机电工程项目中的营运风险采取的防范措施是（   ）。
    A. 选择专业化的维保单位   B. 提高项目融资管理水平
    C. 选择有实力的施工单位   D. 关键技术采用国内标准

17. 机电工程的清单综合单价中不包括（   ）。
    A. 材料费   B. 机械费
    C. 管理费   D. 措施费

18. 机电工程项目竣工预验的复验单位是（   ）。
    A. 建设单位   B. 监理单位
    C. 设计单位   D. 施工单位

19. 下列设备安装时，不能采用橡胶减振垫的是（   ）。
    A. 冷水机组   B. 排烟风机
    C. 空调机组   D. 冷却塔

20. 关于自动化仪表气源管道安装的做法，正确的是（   ）。
    A. 气源系统吹扫时，先吹支管再吹总管

B. 气源管道末端和集液处应设置排污阀
C. 气源管道使用镀锌钢管时，应采用焊接
D. 气源装置应根据现场情况整定气源压力值

二、多项选择题（共10题，每题2分。每题的备选项中，有2个或2个以上符合题意，至少有1个错项。错选，本题不得分；少选，所选的每个选项得0.5分）

21. 下列风管中，不适用于酸碱环境空调系统的有（　　）。
   A. 酚醛复合风管　　　　　　　B. 聚氨酯复合风管
   C. 镀锌钢板风管　　　　　　　D. 硬聚氯乙烯风管
   E. 玻璃纤维复合风管

22. 下列输送机中，具有挠性牵引件的有（　　）。
   A. 带式输送机　　　　　　　　B. 刮板输送机
   C. 悬挂输送机　　　　　　　　D. 小车输送机
   E. 螺旋输送机

23. 采用三角高程测量方法测量时，影响测量精度的因素有（　　）。
   A. 垂直角误差　　　　　　　　B. 大气垂直折光误差
   C. 仪器高误差　　　　　　　　D. 大气压力变化误差
   E. 视标高误差

24. 建设工程的供用电协议内容中应包括（　　）。
   A. 供电方式　　　　　　　　　B. 用电容量
   C. 违约责任　　　　　　　　　D. 用电规划
   E. 供电时间

25. 根据《特种设备生产单位许可目录》，工业管道可分为（　　）。
   A. 长输管道　　　　　　　　　B. 燃气管道
   C. 制冷管道　　　　　　　　　D. 动力管道
   E. 热力管道

26. 下列检验项目中，属于主控项目的有（　　）。
   A. 管道压力试验　　　　　　　B. 漏风量测试
   C. 给水配件接口　　　　　　　D. 电梯试运行
   E. 设备附件技术性能

27. 工业安装分项工程质量验收记录表的签字人包括（　　）。
   A. 监理单位专业监理工程师　　B. 施工单位项目负责人
   C. 建设单位专业技术负责人　　D. 施工单位技术负责人
   E. 设计单位专业技术负责人

28. 使用全地面起重机进行设备吊装，吊装荷载包括（　　）。
   A. 吊钩重量　　　　　　　　　B. 设备重量
   C. 吊索重量　　　　　　　　　D. 吊具重量
   E. 吊臂重量

29. 在施工中，不准使用的计量器具有（　　）。
   A. 被认定为C类的计量器具　　B. 无检定合格印的计量器具
   C. 超过检定周期的计量器具　　D. 经检定不合格的计量器具

E. 未做仲裁检定的计量器具

30. 下列预防焊接变形的措施中,属于焊接工艺措施的有( )。
A. 用热源集中的焊接方法　　B. 焊前装配采用反变形法
C. 应尽量减小焊接线能量　　D. 焊前应对坡口两侧预热
E. 多名焊工相同方向施焊

三、实务操作和案例分析题（共5题,（一）、（二）、（三）题各20分,（四）、（五）题各30分）

（一）

背景资料：

某施工单位承建一安装工程,项目地处南方,正值雨季。项目部进场后,编制施工进度计划、施工方案。施工方案中确定施工方法、工艺要求及质量保证措施等,并对施工人员进行了施工方案交底。

因工期紧张,设备提前到达施工现场。施工人员在循环水泵电动机安装接线时,发现接线盒内有水珠,擦拭后进行接线（图1）。

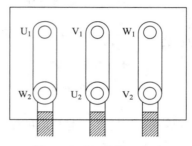

图1　电动机接线示意图

项目部在循环水泵单机试运行前,对电动机绝缘检查时,发现绝缘电阻不满足要求,采用电流加热干燥法对电动机进行干燥处理,用水银温度计测量温度时,被监理工程师叫停。项目部整改后,严格控制干燥温度,绝缘电阻达到规范要求。试运行中检查电动机的转向及杂声、机身及轴承温升均符合要求。

试运行完成后,项目部对电动机受潮原因进行了调查分析,因电动机到货后未及时办理入库、露天存放未采取防护措施所致。为防止类似事件发生,项目部加强了设备仓储管理,保证了后续施工的顺利进行。

问题：

1. 施工方案中的工序质量保证措施主要有哪些？工程施工前,由谁负责向作业人员进行施工方案交底？

2. 图1中的电动机为何种接线方式？电动机干燥处理时为什么被监理工程师叫停？应如何整改？

3. 电动机试运行中还应检查哪些项目？如何改变电动机的转向？

4. 到达现场的设备在检查验收合格后应如何管理？只能露天保管的设备应采取哪些保护措施？

(二)

背景资料:

某工程公司采用 EPC 方式承包一供热站安装工程。工程内容包括:换热器、疏水泵、管道、电气及自动化安装等。

工程公司成立采购小组,根据工程施工进度、关键工作和主要设备进场时间采购设备、材料等物资,保证设备材料采购与施工进度合理衔接。

疏水泵联轴器为过盈配合件,施工人员在装配时,将两个半联轴器一起转动,每转180°测量一次,并记录2个位置的径向位移测量值和位于同一直径两端测点的轴向位移测量值。质量部门对此提出异议,认为不符合规范要求,要求重新测量。

为加强施工现场的安全管理,及时处置突发事件,工程公司升级了"生产安全事故应急救援预案",并进行了应急预案的培训、演练。

取源部件到货后,工程公司进行取源部件的安装。压力取源部件的取压点选择范围如图2所示,温度取源部件在管道上开孔焊接安装如图3所示,在准备系统水压试验时,温度取源部件的安装被监理工程师要求整改。

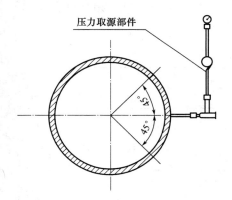

图2 压力取源部件安装范围示意图

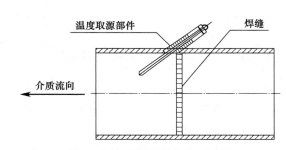

图3 温度取源部件安装示意图

问题:

1. 本工程中,工程公司应当多长时间组织一次现场处置方案演练?应急预案演练效果应由哪个单位来评估?
2. 图2的取压点选择范围适用于何种介质管道?说明温度取源部件的安装被监理工程师要求整改的理由。
3. 联轴器采用了哪种过盈装配方法?质量部门提出异议是否合理?写出正确的要求。
4. 为保证项目整体进度,应优先采购哪些设备?

（三）

背景资料：

某安装公司承接商务楼机电安装工程，工程内容包括：设备、管道和通风空调安装等；商务楼办公区域空调系统采用多联机组。

项目部在施工成本分析预测后，采取劳动定额管理，实行计件工资制；控制设备采购；在量、价方面控制材料采购；控制施工机械租赁等措施控制施工成本，使计划成本小于安装公司下达给项目部的目标成本。

项目部依据施工总进度计划，编制多联机组空调系统施工进度计划（表1），报安装公司审批时被否定，要求重新编制。

在施工质量检查时，监理工程师要求项目部整改下列问题：

（1）个别柔性短管长度为300mm，接缝采用粘接。
（2）矩形柔性短管与风管连接采用抱箍固定。
（3）柔性短管与法兰连接采用压板铆接，铆钉间距为100mm。

商务楼机电工程完成后，安装公司、设计单位和监理单位分别向建设单位提交报告，申请竣工验收，建设单位组织成立验收组，制定验收方案。安装公司、设计单位和监理单位分别向建设单位移交了工程建设交工技术文件和监理文件。

表1 多联机组空调系统施工进度计划

序号	工作内容	3月			4月			5月			6月		
		1	11	21	1	11	21	1	11	21	1	11	21
1	施工准备	—											
2	室外机组安装			—	—	—							
3	室内机组安装			—	—	—							
4	制冷剂管路连接				—	—	—	—					
5	冷凝水管道安装					—	—	—					
6	风管安装				—	—	—	—	—	—			
7	制冷剂灌注										—	—	
8	系统压力试验										—	—	
9	调试及验收移交												—

问题：

1. 项目部主要采取了哪几类施工成本控制措施？
2. 项目部编制的施工进度计划为什么被安装公司否定？在制冷剂灌注前，制冷剂管道需要进行哪些试验？
3. 监理工程师要求项目部整改的要求是否合理？说明理由。
4. 安装公司、设计单位和监理单位分别向建设单位提交什么报告？在验收中，设计单位需完成什么图纸？安装公司需出具什么保修书？

(四)

背景资料:

A公司中标某工业改建工程,合同内容包含厂区所有的设备、工艺管线安装等施工总承包。A公司进场后,根据工程特点,对工程合同进行分析管理,将其中亏损风险较大的部分埋地工艺管道(设计压力为0.2MPa)施工分包给具有资质的B公司。

A公司对B公司进行合同交底后,A公司派出代表对B公司从施工准备、进场施工、工序施工、工程保修及技术方面进行了管理。

B公司进场后,由于建设单位无法提供原厂区埋地管线图,B公司在施工时挖断供水管道。造成A公司65万元材料浸水无法使用,机械停滞总费用为43万元,每天人员窝工费用为4.8万元,工期延误25d。B公司机械停滞费用为18万元。管沟开挖完成后,当地发生疫情,导致所有员工被集中隔离,产生总隔离费用为54万元。为此A公司向建设单位提交了工期及费用索赔文件。

B公司在埋地钢管施工完成后,编制了该部分的液压清洗方案,方案因工艺管道的埋地部分设计未明确试验压力,拟采用0.3MPa的试验压力进行试验,管道油清洗后采取保护措施,该方案被A公司否定。

A公司在卫生器具安装完成后,对某层卫生器具(检验批)的水平度及垂直度进行现场检验,共测量20点,测量数据见表2。

表2 卫生器具测量数据表

名称	允许偏差(mm)	测量值(mm)								
卫生器具水平度	2	1.5	2	2.4	3.5	2	1.8	2	1.5	1.4	1.8
卫生器具垂直度	3	2.5	3	2	1.6	3.1	2	1.5	1.8	2.8	2

A公司在质量巡查中,发现工艺管道节点安装(图4)中的膨胀节内套焊缝、法兰及管道对口部位不符合规范要求,要求整改。

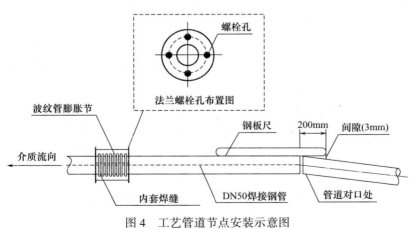

图4 工艺管道节点安装示意图

问题：

1. A 公司还应从哪些方面对 B 公司进行全过程管理？
2. 计算 A 公司可索赔的费用。索赔成立的前提条件是什么？
3. 该工程的埋地钢管试验压力应为多少兆帕？对油清洗合格后的管道应采取哪种保护措施？
4. 卫生器具现场检验（表2）是否合格？说明理由。
5. 说明 A 公司要求工艺管道节点安装（图4）整改的原因。

(五)

背景资料：

安装公司中标某化工建设项目压缩厂房安装工程，主要包括厂房内设备、工艺管道安装（到厂房外第一个法兰口）。厂房内主要设备有压缩机组及 32/5t 桥式起重机（跨度为 30.5m）。压缩机组由活塞式压缩机、汽轮机、联轴器、分离器、冷却器、润滑油站、高位油箱、干气密封系统、控制系统等辅助设备、系统组成。

安装公司进场后，编制了工程施工组织设计及各项施工方案。压缩机组安装方案对安装所用计量器具进行了策划，计划配备百分表、螺纹规、千分表、钢卷尺、钢板尺、深度尺。监理工程师审核后，认为方案中计量器具的种类不能满足安装测量需要，要求补充。

桥式起重机安装安全专项施工方案的"验收要求"中，针对施工机械、施工材料、测量手段三项验收内容，明确了验收标准、验收人员及验收程序。该方案在专家论证时，专家提出"验收要求"中验收内容不完整，需要补充。

在压缩机组安装过程中，检查发现钳工使用的计量器具无检定标识，但施工人员解释：在用的计量器具全部检定合格，检定报告及检定合格证由计量员统一集中保管。

压缩机组地脚螺栓安装前，已将基础预留孔中的杂物、地脚螺栓上的油污、氧化皮等清除干净，螺纹部分也按规定涂抹了油脂，并按方案要求配置了垫铁，高度符合要求。在压缩机组初步找平、找正，地脚螺栓孔灌浆前，监理工程师检查后，认为压缩机组垫铁和地脚螺栓的安装存在质量问题（图5），要求整改。

压缩机组安装完成后，按规定的运转时间进行了空负荷试运行，运行中润滑油油压保持 0.3MPa，曲轴箱及机身内润滑油的温度不高于65℃，各部位无异常。

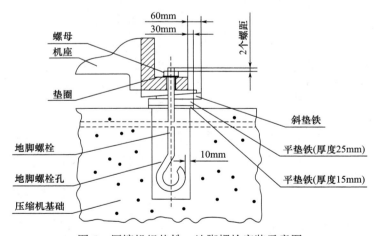

图 5 压缩机组垫铁、地脚螺栓安装示意图

问题：

1. 本工程需办理特种设备安装告知的项目有哪几个？在哪个时间段办理安装告知？
2. 桥式起重机安装方案论证时，还需要补充哪些验收内容？方案论证应由哪个单位来组织？

3. 压缩机组安装方案中还需补充哪几种计量器具？安装现场计量器具的使用存在什么问题？应如何整改？

4. 图5垫铁和地脚螺栓安装存在哪些质量问题？整改后的检查应形成哪个质量记录（表）？

5. 压缩机组空负荷试运行是否合格？说明理由。

2021年度真题参考答案及解析

一、单项选择题

1. A;	2. A;	3. D;	4. B;	5. D;
6. C;	7. C;	8. B;	9. C;	10. B;
11. B;	12. D;	13. A;	14. C;	15. C;
16. A;	17. D;	18. D;	19. B;	20. B。

【解析】

1. A。本题考核的是热力管道安装要求。疏水器应安装在以下位置：管道的最低点可能集结冷凝水的地方，流量孔板的前侧及其他容易积水处。

2. A。本题考核的是防腐蚀施工方法。高压无气喷涂优点：克服了一般空气喷涂时，发生涂料回弹和大量漆雾飞扬的现象，不仅节省了漆料，而且减少了污染，改善了劳动条件；工作效率较一般空气喷涂提高了数倍至十几倍；涂膜质量较好。适用于大面积的物体涂装。

3. D。本题考核的是室内排水工程施工程序。室内排水工程施工程序：施工准备→预留、预埋→管道测绘放线→管道元件检验→管道支吊架制作安装→管道加工预制→排水泵等设备安装→管道及配件安装→系统灌水试验→防腐→系统通球试验。

4. B。本题考核的是耐火砖砌筑施工技术要求。A选项错误，正确的说法是：砌砖时应用木槌或橡胶锤找正，不应使用铁锤。C选项错误，正确的说法是：砌砖中断或返工拆砖时，应做成阶梯形的斜槎。D选项错误，正确的说法是：拱和拱顶必须从两侧拱脚同时向中心对称砌筑。

5. D。本题考核的是设备及管道绝热工程采用捆扎法的施工要求。不得采用螺旋式缠绕捆扎，因此A选项错误。双层或多层绝热层的绝热制品，应逐层捆扎，因此B选项错误。每块绝热制品上的捆扎件不得少于两道，对有振动的部位应加强捆扎，因此C选项错误，D选项正确。

6. C。本题考核的是配电装置的主要整定内容。配电装置过电流保护整定：电流元件整定和时间元件整定，因此本题选C。

7. C。本题考核的是光伏发电设备安装程序。光伏发电设备的安装程序：施工准备→基础检查验收→设备检查→光伏支架安装→光伏组件安装→汇流箱安装→逆变器安装→电气设备安装→调试→验收。C选项集热器安装属于槽式光热发电设备安装程序。

8. B。本题考核的是钢结构框架分段安装。铣平面应接触均匀，接触面积不应小于75%，因此A选项正确。框架的节点采用焊接连接时，宜设置安装定位螺栓，因此B选项错误。地面拼装的框架和管廊结构焊缝需进行无损检测或返修时，无损检测和返修应在地面完成，合格后方可吊装，因此C选项正确。在安装的框架和管廊上施加临时载荷时，应经验算，因此D选项正确。

9. C。本题考核的是设备基础的种类。设备基础按使用功能不同划分为减振基础、

11

绝热层基础。因此本题选 C。"垫层基础"属于按材料组成不同划分的设备基础；"联合基础"属于按埋置深度不同划分的设备基础；"箱式基础"属于按结构形式不同划分的设备基础。

10. B。本题考核的是金属梯架、托盘和槽盒安装要求。电缆金属梯架、托盘和槽盒转弯、分支处宜采用专用连接配件，其弯曲半径不应小于金属梯式、托盘式和槽式桥架内电缆最小允许弯曲半径，电缆最小允许弯曲半径应符合表 3 的规定。

表 3 电缆最小允许弯曲半径

电缆形式		电缆外径（mm）	多芯电缆	单芯电缆
塑料绝缘电缆	无铠装	—	15D	20D
	有铠装	—	12D	15D
橡皮绝缘电缆		—	10D	
控制电缆	非铠装型、屏蔽型软电缆	—	6D	
	铠装型、铜屏蔽型电缆	—	12D	—
	其他	—	10D	
铝合金导体电力电缆		—	7D	
氧化镁绝缘刚性矿物绝缘电缆		<7	2D	
		≥7，且<12	3D	
		≥12，且<15	4D	
		≥15	6D	
其他矿物绝缘电缆		—	15D	

因此根据上表数据，本题选 B。

11. B。本题考核的是洁净层流罩安装要求。洁净层流罩安装应采用独立的用杆或支架，并应采取防止晃动的固定措施，且不得利用生产设备或壁板作为支撑，因此 A 选项正确，B 选项错误。洁净层流罩安装的水平度偏差应为 1‰，高度允许偏差应为 1mm，因此 C 选项正确。洁净层流罩安装后，应进行不少于 1h 的连续试运转，且运行应正常，因此 D 选项正确。

12. D。本题考核的是自动扶梯整机安装验收要求。下列情况，自动扶梯、自动人行道必须自动停止运行，且（2）至（8）情况下的开关断开的动作必须通过安全触点或安全电路来完成：（1）无控制电压、电路接地的故障、过载，因此 A、B、C 选项排除。（2）控制装置在超速和运行方向非操纵逆转下动作。（3）附加制动器动作。（4）直接驱动梯级、踏板或胶带的部件（如链条或齿条）断裂或过分伸长。（5）驱动装置与转向装置之间的距离（无意性）缩短。（6）梯级、踏板下陷，或胶带进入梳齿板处有异物夹住，且产生损坏梯级、踏板或胶带支撑结构，因此 D 选项正确。（7）无中间出口的连续安装的多台自动扶梯、自动人行道中的一台停止运行。（8）扶手带入口保护装置动作。

13. A。本题考核的是建筑设备监控系统输入设备安装。镍温度传感器的接线电阻应小于 3Ω，铂温度传感器的接线电阻应小于 1Ω，并在现场控制器侧接地，因此 A 选项正确。电磁流量计应安装在流量调节阀的上游，流量计的上游应有 10 倍管径长度的直管段，下游段应有 4~5 倍管径长度的直管段，因此 B 选项错误。风管型传感器安装应在风管保温层完成后进行，因此 C 选项错误。涡轮式流量传感器应水平安装，流体的流动方向必须与传感器壳体上所示的流向标志一致，因此 D 选项错误。

14. C。本题考核的是机电工程项目采购的类型。机电工程项目采购，按采购内容可分为工程采购、货物采购与服务采购三种类型。机电工程项目采购，按采购方式可分为招标采购、直接采购和询价采购三种类型。

15. C。本题考核的是商务报价的策略。商务报价可采用不平衡报价法、多方案报价法、增加建议方案法、投标前突然竞价法、无利润竞标法、先亏后盈法等方式进行报价。C 选项属于技术标的策略。

16. A。本题考核的是国际机电工程项目合同风险防范措施。营运风险防范（主要指 BOT、BOOT、ROT 等涉及运营环节的项目）：营运风险主要指在整个营运期间承包商能力影响项目投资效益的风险。防范措施：运行维护委托专业化运行单位承包，降低运行故障及运行技术风险，因此本题选 A。"B 选项提高项目融资管理水平"属于管理风险防范；"C 选项选择有实力的施工单位"属于建设风险防范；"D 选项关键技术采用国内标准"属于技术风险防范。

17. D。本题考核的是施工图预算的编制方法中的综合单价法。清单综合单价：单价中综合了分项工程人工费、材料费、机械费、管理费、利润、人材机价差以及一定范围的风险费用，但并未包括措施费、规费和税金，因此它是一种不完全综合单价。机电工程综合单价包括了 A、B、C 选项描述的内容，不包括 D 选项描述的内容。

18. D。本题考核的是竣工验收的程序。进行竣工预验的复验时，施工单位在自我检查整改的基础上，由项目经理提请上级单位进行复验，要解决复验中的遗留问题，为正式验收做好准备。

19. B。本题考核的是防排烟系统施工技术要求。防排烟风机应设在混凝土或钢架基础上，且不应设置减振装置；若排烟系统与通风空调系统共用且需要设置减振装置时，不应使用橡胶减振装置。

20. B。本题考核的是自动化仪表气源管道安装。气源管道采用镀锌钢管时，应用螺纹连接，拐弯处应采用弯头，连接处应密封，缠绕密封带或涂抹密封胶时，不得使其进入管内；采用无缝钢管时，应焊接连接，焊接时焊渣不得落入管内，因此 C 选项错误。气源管道末端和集液处应有排污阀，排污管口应远离仪表、电气设备和线路，因此 B 选项正确。气源系统安装完毕后应进行吹扫，吹扫气应使用合格的仪表空气，先吹总管，再吹干管、支管及接至各仪表的管道，因此 A 选项错误。气源装置使用前，应按设计文件规定整定气源压力值，因此 D 选项错误。

二、多项选择题

21. A、B、C、E；   22. A、B、C、D；   23. A、B、C、E；
24. A、B、C、E；   25. C、D；   26. A、B、D、E；
27. A、C；   28. A、B、C、D；   29. B、C、D；
30. A、C、E。

【解析】

21. A、B、C、E。本题考核的是非金属板材的类型及应用。酚醛复合板材适用制作低、中压空调系统及潮湿环境的风管，但对高压及洁净空调、酸碱性环境和防排烟系统不适用，因此 A 选项要选。聚氨酯复合板材适用制作低、中、高压洁净空调系统及潮湿环境的风管，但对酸碱性环境和防排烟系统不适用，因此 B 选项要选。玻璃纤维复合板材适用制作中压以下的空调系统风管，但对洁净空调、酸碱性环境和防排烟系统以及相对湿度 90% 以上的系统不适用，因此 E 选项要选。硬聚氯乙烯板材适用制作洁净室含酸碱的排风系统风管，因此 D 选项不选。镀锌钢板风管在酸碱环境很容易腐蚀，因此 C 选项要选。

22. A、B、C、D。本题考核的是输送设备的分类。具有挠性牵引件的输送设备类型有：带式输送机、链板输送机、刮板输送机、埋刮板输送机、小车输送机、悬挂输送机、斗式提升机、气力输送设备等。"螺旋输送机"属于无挠性牵引件的输送设备。

23. A、B、C、E。本题考核的是三角高程测量精度的影响因素。三角高程测量精度的影响因素：距离误差、垂直角误差、大气垂直折光误差、仪器高和视标高的误差。

24. A、B、C、E。本题考核的是供用电协议内容的规定。供电企业和工程建设或施工单位应当在供电前根据工程建设需要和供电企业的供电能力签订供用电协议（合同）。供用电协议（合同）应当具备以下内容：(1) 供电方式、供电质量和供电时间；(2) 用电容量和用电地址、用电性质；(3) 计量方式和电价、电费结算方式；(4) 供用电设施维护责任的划分，协议（合同）的有效期限；(5) 违约责任，以及双方共同认为应当约定的其他条款。

25. C、D。本题考核的是机电工程压力管道分类。机电工程压力管道分类及品种见表 4。

表 4　机电工程压力管道分类及品种

分类	品种
长输管道	输油管道、输气管道
公用管道	燃气管道、热力管道
工业管道	工艺管道、动力管道、制冷管道

26. A、B、D、E。本题考核的是建筑安装工程分部分项工程质量验收要求。主控项目的要求是必须达到的，是保证安装工程安全和使用功能的重要检验项目，是对安全、节能、环境保护和主要使用功能起决定性作用的检验项目，是确定该检验批主要性能的项目。主控项目包括的检验内容主要有：重要材料、构件及配件、成品及半成品、设备性能及附件的材质、技术性能等。如管道的压力试验、风管系统的漏风量测试、电梯的安全保护及试运行等。综上所述，A、B、D、E 选项描述的内容为主控项目，C 选项描述的内容为一般项目。

27. A、C。本题考核的是工业安装工程分部分项工程质量验收要求。工业安装分项工程质量验收记录表签字人为：施工单位专业技术质量负责人、建设单位专业技术负责人、监理单位专业监理工程师。

28. A、B、C、D。本题考核的是起重机械选用的基本参数。吊装载荷是指设备、吊钩组件、吊索（吊钩以上滑轮组间钢丝绳质量）、吊具及其他附件等的重量总和。

29. B、C、D。本题考核的是计量器具的使用管理要求。任何单位和个人不准在工作岗位上使用无检定合格印、证或者超过检定周期以及经检定不合格的计量器具（在教学示范中使用计量器具不受此限），因此本题选 B、C、D。

30. A、C、E。本题考核的是预防焊接变形的焊接工艺措施。预防焊接变形的焊接工艺措施：(1) 合理的焊接方法：尽量用气体保护焊等热源集中的焊接方法，不宜用焊条电弧焊，特别不宜选用气焊，因此 A 选项要选。（2）合理的焊接线能量：尽量减小焊接线能量的输入能有效地减小变形，因此 C 选项要选。（3）合理的焊接顺序和方向：储罐底板焊接顺序采用先焊中幅板、边缘板对接焊缝外 300mm 长；待焊接完壁板和边缘板角焊缝后，再焊接边缘板剩余对接焊缝；最后焊接中幅板和边缘板的环焊缝。弓形边缘板的对接焊缝采用多名焊工均匀分布，相同方向对称施焊，因此 E 选项要选。B 选项属于预防焊接变形的装配工艺措施，D 选项属于预防焊接变形的焊接结构设计措施。

三、实务操作和案例分析题

（一）

1. 施工方案中的工序质量保证措施主要有：制定工序控制点，明确工序质量控制方法。工程施工前，施工方案的编制人员应向施工作业人员进行施工方案交底。

2. （1）图 1 中的电动机为三角形（△）接线法。
（2）电动机干燥处理时被监理工程师叫停的原因：采用水银温度计测量温度不正确。
（3）整改：电动机干燥时应用酒精温度计、电阻温度计或温差热电偶测量温度。

3. （1）电动机试运行中还应检查：
① 换向器、滑环及电刷的工作情况是否正常。
② 振动（双振幅值）不应大于标准规定值。
③ 电动机第一次启动一般在空载情况下进行，空载运行时间为 2h，并记录电动机空载电流。
（2）改变电动机转向的方法：在电源侧或电动机接线盒侧任意对调两根电源线即可。

4. （1）到达现场的设备在检查验收合格后，应及时办理入库手续；对所到设备，分别储存，进行标识。
（2）只能露天保管的设备应采取的保护措施：
①应经常检查，对设备进行苫盖，采取防雨、防风措施。
②搭设防雨棚。
③定期保养、维护，做好防潮、防锈、防霉、防变质及保温、恒温，做好认真记录等工作。

（二）

1. 本工程中，工程公司应当每半年组织一次现场处置方案演练。
应急预案演练结束后，应急预案演练组织单位应当对应急预案演练效果进行评估，撰写应急预案演练评估报告，分析存在的问题，并对应急预案提出修订意见。

2. 取压点选择范围适用于蒸汽介质管道。
温度取源部件的安装被监理工程师要求整改的理由：
（1）在温度取源部件安装示意图中，温度取源部件顺着物料流向安装，是不正确的。正确的做法是：温度取源部件与管道呈倾斜角度安装宜逆着物料流向，取源部件轴线应与管道轴线相交。
（2）在温度取源部件安装示意图中，温度取源部件在管道的焊缝上开孔焊接，是不正确的。正确的做法是：安装取源部件时，不应在设备或管道的焊缝及其边缘上开孔及焊接。

3. 联轴器采用了加热装配法。
质量部门提出异议是合理的。
正确的要求：将两个半联轴器一起转动，应每转90°测量一次，并记录5个位置的径向位移测量值和位于同一直径两端测点的轴向位移测量值。
4. 设备主装置、需要先期施工的设备及关键线路上的设备应优先采购。

（三）

1. 项目部主要采取了下列几类施工成本控制措施：
（1）人工费成本的控制措施：采取劳动定额管理，实行计件工资制。
（2）工程设备成本的控制措施：控制设备采购。
（3）材料成本的控制措施：在量、价方面控制材料采购。
（4）施工机械成本的控制措施：控制施工机械租赁等措施控制施工成本。
2. （1）项目部编制的施工进度计划被安装公司否定的原因：制冷剂灌注应在系统压力试验后进行，程序错误。
（2）制冷剂管道安装完毕，检查合格后，在制冷剂灌注前，制冷剂管道应进行系统管路吹污、气密性试验、真空试验和充注制冷剂检漏试验。
3. 监理工程师要求项目部整改的要求合理。
理由：柔性短管长度宜为150~250mm；矩形柔性短管与风管连接不得采用抱箍固定；柔性短管与法兰的压板铆接中铆钉间距宜为60~80mm。
4. （1）安装公司应提交工程竣工报告、设计单位应提交工程质量检查报告、监理单位应提交工程质量评估报告。
（2）设计单位需完成竣工图纸。
（3）安装公司需出具工程质量保修书。

（四）

1. A公司还应从竣工验收、质量、安全、进度、工程款支付等方面对B公司进行全过程管理。
2. A公司可索赔的费用：65+43+4.8×25+18＝246万元。
索赔成立的前提条件是：
（1）与合同对照，事件已造成了承包人工程项目成本的额外支出，或直接工期损失。
（2）造成费用增加或工期损失的原因，按合同约定不属于承包人的行为责任或风险责任。
（3）承包人按合同规定的程序和时间提交索赔意向通知和索赔报告。
3. 埋地钢管的试验压力应为设计压力的1.5倍，且不得低于0.4MPa。
根据题意：1.5×0.2＝0.3MPa<0.4MPa，故该工程的埋地钢管试验压力应为0.4MPa。
对油清洗合格后的管道，应采取封闭或充氮保护措施。
4. 卫生器具现场检验不合格。
理由：超出允许偏差值的检查点有3个，但没有超过20%检查点的规定；有1个点的偏差值达到175%，超过了最大允许偏差值150%的规定；所以不合格。
5. （1）波纹管膨胀节内套焊缝朝向与介质流向相反（内套焊缝朝向错误）。

（2）法兰螺栓孔中心线与管道铅垂线重合，应与管道水平中心线重合。
（3）管道对口偏差为3mm，超过了2mm。

（五）

1.（1）本工程需办理特种设备安装告知的项目有2个，即工艺管道安装、32/5t桥式起重机安装。
（2）应该在特种设备安装施工前办理安装告知。
2.（1）桥式起重机安装方案论证时，还需要补充的验收内容：与危大工程施工相关的施工人员、施工方法、施工环境。
（2）方案论证应由安装公司组织专家论证。
3.（1）压缩机组安装方案中还需补充的计量器具：水平仪、水准仪、塞尺、游标卡尺。
（2）安装现场计量器具的使用存在的问题及整改：
问题：钳工使用的计量器具无检定标识。
整改：重新检定，将检定合格证应随附在计量器具上。
4.（1）垫铁和地脚螺栓安装存在下列质量问题：
问题一：平垫铁薄的在厚的下边。
整改一：厚度15mm平垫铁应放在中间。
问题二：斜垫铁露出底座60mm。
整改二：斜垫铁宜露出10~50mm。
问题三：地脚螺栓距离孔壁10mm。
整改三：地脚螺栓距孔壁一般大于15mm。
（2）整改后的检查应形成隐蔽工程（检查）验收记录。
5. 压缩机组空负荷试运行合格。
理由：（1）运行中润滑油油压不得小于0.1MPa，背景中是保持在0.3MPa，符合要求。
（2）曲轴箱或机身内润滑油的温度不得高于70℃，背景中温度不高于65℃，符合要求。

2020年度全国一级建造师执业资格考试

《机电工程管理与实务》

真题及解析

学习遇到问题？
扫码在线答疑

2020年度《机电工程管理与实务》真题

一、**单项选择题**（共20题，每题1分。每题的备选项中，只有1个最符合题意）

1. 无卤低烟阻燃电缆在消防灭火时的缺点是（　　）。
   A. 发出有毒烟雾　　　　　　　　B. 产生烟尘较多
   C. 腐蚀性能较高　　　　　　　　D. 绝缘电阻下降

2. 下列考核指标中，与锅炉可靠性无关的是（　　）。
   A. 运行可用率　　　　　　　　　B. 容量系数
   C. 锅炉热效率　　　　　　　　　D. 出力系数

3. 长输管线的中心定位主点不包括（　　）。
   A. 管线的起点　　　　　　　　　B. 管线的中点
   C. 管线转折点　　　　　　　　　D. 管线的终点

4. 发电机安装程序中，发电机穿转子的紧后工序是（　　）。
   A. 端盖及轴承调整安装　　　　　B. 氢冷器安装
   C. 定子及转子水压试验　　　　　D. 励磁机安装

5. 下列自动化仪表工程的试验内容中，必须全数检验的是（　　）。
   A. 单台仪表校准和试验　　　　　B. 仪表电源设备的试验
   C. 综合控制系统的试验　　　　　D. 回路试验和系统试验

6. 在潮湿环境中，不锈钢接触碳素钢会产生（　　）。
   A. 化学腐蚀　　　　　　　　　　B. 电化学腐蚀
   C. 晶间腐蚀　　　　　　　　　　D. 铬离子污染

7. 关于管道防潮层采用玻璃纤维布复合胶泥涂抹施工的做法，正确的是（　　）。
   A. 环向和纵向缝应对接粘贴密实　　B. 玻璃纤维布不应用平铺法
   C. 第一层胶泥干燥后贴玻璃丝布　　D. 玻璃纤维布表面需涂胶泥

8. 工业炉窑烘炉前应完成的工作是（　　）。
   A. 对炉体预加热　　　　　　　　B. 烘干烟道和烟囱
   C. 烘干物料通道　　　　　　　　D. 烘干送风管道

9. 电梯设备进场验收的随机文件中不包括（　　）。
   A. 电梯安装方案　　　　　　　　B. 设备装箱单

1

C. 电气原理图 D. 土建布置图

10. 消防灭火系统施工中，不需要管道冲洗的是（　　）。
A. 消火栓灭火系统 B. 泡沫灭火系统
C. 水炮灭火系统 D. 高压细水雾灭火系统

11. 工程设备验收时，核对验证内容不包括（　　）。
A. 核对设备型号规格 B. 核对设备供货商
C. 检查设备的完整性 D. 复核关键原材料质量

12. 下列施工组织设计编制依据中，属于工程文件的是（　　）。
A. 投标书 B. 标准规范
C. 工程合同 D. 会议纪要

13. 关于施工单位应急预案演练的说法，错误的是（　　）。
A. 每年至少组织一次综合应急预案演练
B. 每年至少组织一次专项应急预案演练
C. 每半年至少组织一次现场处置方案演练
D. 每年至少组织一次安全事故应急预案演练

14. 机电工程工序质量检查的基本方法不包括（　　）。
A. 试验检验法 B. 实测检验法
C. 抽样检验法 D. 感官检验法

15. 压缩机空负荷试运行后，做法错误的是（　　）。
A. 停机后立刻打开曲轴箱检查 B. 排除气路及气罐中的剩余压力
C. 清洗油过滤器和更换润滑油 D. 排除气缸及管路中的冷凝液体

16. 下列计量器具中，应纳入企业最高计量标准器具管理的是（　　）。
A. 温度计 B. 兆欧表
C. 压力表 D. 万用表

17. 110kV高压电力线路的水平安全距离为10m，当该线路最大风偏水平距离为0.5m时，则导线边缘延伸的水平安全距离应为（　　）。
A. 9m B. 9.5m
C. 10m D. 10.5m

18. 取得A2级压力容器制造许可的单位可制造（　　）。
A. 第一类压力容器 B. 高压容器
C. 超高压容器 D. 球形储罐

19. 下列分项工程质量验收中，属于一般项目的是（　　）。
A. 风管系统测定 B. 阀门压力试验
C. 灯具垂直偏差 D. 管道焊接材料

20. 工业建设项目正式竣工验收会议的主要任务不包括（　　）。
A. 编制竣工决算 B. 查验工程质量
C. 审查生产准备 D. 核定遗留尾工

二、**多项选择题**（共10题，每题2分。每题的备选项中，有2个或2个以上符合题意，至少1个错项。错选，本题不得分；少选，所选的每个选项得0.5分）

21. 吊装作业中，平衡梁的主要作用有（　　）。

A. 保持被吊物的平衡状态 B. 平衡或分配吊点的载荷
C. 强制改变吊索受力方向 D. 减小悬挂吊索钩头受力
E. 调整吊索与设备间距离

22. 钨极手工氩弧焊与其他焊接方法相比较的优点有（　　）。
A. 适用焊接位置多 B. 焊接熔池易控制
C. 热影响区比较小 D. 焊接线能量较小
E. 受风力影响最小

23. 机械设备润滑的主要作用有（　　）。
A. 降低温度 B. 减少摩擦
C. 减少振动 D. 提高精度
E. 延长寿命

24. 下列接闪器的试验内容中，金属氧化物接闪器应试验的内容有（　　）。
A. 测量工频放电电压 B. 测量持续电流
C. 测量交流电导电流 D. 测量泄漏电流
E. 测量工频参考电压

25. 关于管道法兰螺栓安装及紧固的说法，正确的有（　　）。
A. 法兰连接螺栓应对称紧固
B. 法兰接头歪斜可强紧螺栓消除
C. 法兰连接螺栓长度应一致
D. 法兰连接螺栓安装方向应一致
E. 热态紧固应在室温下进行

26. 关于高强度螺栓连接紧固的说法，正确的有（　　）。
A. 紧固用的扭矩扳手在使用前应校正
B. 高强度螺栓安装的穿入方向应一致
C. 高强度螺栓的拧紧宜在24h内完成
D. 施拧宜由螺栓群一侧向另一侧拧紧
E. 高强度螺栓的拧紧应一次完成终拧

27. 关于建筑室内给水管道支吊架安装的说法，正确的有（　　）。
A. 滑动支架的滑托与滑槽应有3~5mm间隙
B. 无热伸长管道的金属管道吊架应垂直安装
C. 有热伸长管道的吊架应向热膨胀方向偏移
D. 6m高楼层的金属立管管卡每层不少于2个
E. 塑料管道与金属支架之间应加衬非金属垫

28. 关于建筑电气工程母线槽安装的说法，正确的有（　　）。
A. 绝缘测试应在母线槽安装前后分别进行
B. 照明母线槽的垂直偏差不应大于10mm
C. 母线槽接口穿越楼板处应设置补偿装置
D. 母线槽连接部件应与本体防护等级一致
E. 母线槽连接处的接触电阻应小于0.1Ω

29. 关于空调风管及管道绝热施工要求的说法，正确的有（　　）。

A. 风管的绝热层可以采用橡塑绝热材料
B. 制冷管道的绝热应在防腐处理前进行
C. 水平管道的纵向缝应位于管道的侧面
D. 风管及管道的绝热防潮层应封闭良好
E. 多重绝热层施工的层间拼接缝应一致

30. 建筑智能化工程中的接口技术文件内容包括（　　）。
A. 通信协议　　　　　　　　B. 责任边界
C. 数据流向　　　　　　　　D. 结果评判
E. 链路搭接

三、实务操作和案例分析题（共5题，（一）、（二）、（三）题各20分，（四）、（五）题各30分）

（一）

背景资料：

某安装公司承包大型制药厂的机电安装工程，工程内容包括：设备、管道和通风空调等工程安装。安装公司对施工组织设计的前期实施，进行了监督检查：施工方案齐全，临时设施通过验收，施工人员按计划进场，技术交底满足施工要求，但材料采购因资金问题影响了施工进度。

不锈钢管道系统安装后，施工人员用洁净水（氯离子含量小于25ppm）对管道系统进行试压时（图1），监理工程师认为压力试验条件不符合规范规定，要求整改。

由于现场条件限制，有部分工艺管道系统无法进行水压试验，经设计和建设单位同意，允许安装公司对管道环向对接焊缝和组成件连接焊缝采用100%无损检测，代替现场水压试验，检测后设计单位对工艺管道系统进行了分析，符合质量要求。

检查金属风管制作质量时，监理工程师对少量风管的板材拼接有十字形接缝提出整改要求。安装公司进行了返修和加固，风管加固后外形尺寸改变但仍能满足安全使用要求，验收合格。

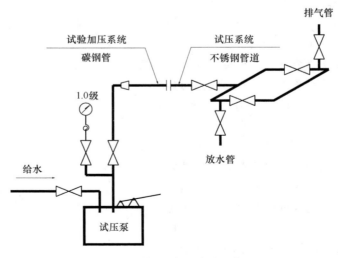

图1　管道系统水压试验示意图

问题：

1. 安装公司在施工准备和资源配置计划中哪几项完成得较好？哪几项需要改进？

2. 图 1 中的水压试验有哪些不符合规范规定？写出正确的做法。

3. 背景中工艺管道系统的焊缝应采用哪几种检测方法？设计单位对工艺管道系统应如何分析？

4. 监理工程师提出整改要求是否正确？说明理由。加固后的风管可按什么文件进行验收？

（二）

背景资料：

A 公司总承包 2×660MW 火力发电厂 1 号机组的建筑安装工程，工程包括：锅炉、汽轮发电机、水处理、脱硫系统等。A 公司将水泵、管道安装分包给 B 公司施工。

B 公司在凝结水泵初步找正后，即进行管道连接，因出口管道与设备不同心，无法正常对口，便用手拉葫芦强制调整管道，被 A 公司制止。B 公司整改后，并在联轴节上架设仪表监视设备位移，保证管道与水泵的安装质量。

锅炉补给水管道设计为埋地敷设，施工完毕自检合格后，以书面形式通知监理工程师申请隐蔽工程验收。第二天进行土方回填时，被监理工程师制止。

在未采取任何技术措施的情况下，A 公司对凝汽器汽侧进行了灌水试验（图2），无泄漏，但造成部分弹簧支座因过载而损坏。返修后，进行汽轮机组轴系对轮中心找正工作，经初找、复找验收合格。

主体工程、辅助工程和公用设施按设计文件要求建成，单位工程验收合格后，建设单位及时向政府有关部门申请项目的专项验收，并提供备案申报表、施工许可文件复印件及规定的相关材料等，项目通过专项验收。

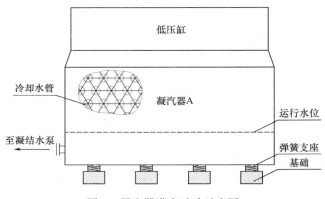

图 2　凝汽器灌水试验示意图

问题：

1. A 公司为什么制止凝结水管道连接？B 公司应如何进行整改？在联轴节上应架设哪种仪表监视设备位移？

2. 说明监理工程师制止土方回填的理由。隐蔽工程验收通知内容有哪些？

3. 写出凝汽器灌水试验前后的注意事项。灌水水位应高出哪个部件？轴系中心复找工作应在凝汽器什么状态下进行？

4. 建设工程项目投入试生产前和试生产阶段应完成哪些专项验收？

（三）

背景资料：

某生物新材料项目由 A 公司总承包，A 公司项目部经理在策划组织机构时，根据项目大小和具体情况配置了项目部技术人员，满足了技术管理要求。

项目中料仓盛装的浆糊流体介质温度约为 42℃，料仓外壁保温材料为半硬质岩棉制品。料仓由 A、B、C、D 四块不锈钢壁板组焊而成，尺寸和安装位置如图 3 所示。在门吊架横梁上挂设 4 只手拉葫芦，通过卸扣、钢丝绳吊索与料仓壁板上吊耳（材质为 Q235）连接成吊装系统。料仓的吊装顺序为：A、C→B、D；料仓的四块不锈钢壁板的焊接方法采用焊条手工电弧焊。

设计要求：料仓正方形出料口连接法兰安装水平度允许偏差≤1mm，对角线长度允许偏差≤2mm，中心位置允许偏差≤1.5mm。

料仓工程质量检查时，质量员提出吊耳与料仓壁板为异种钢焊接，违反"禁止不锈钢与碳素钢接触"的规定。项目部对料仓临时吊耳进行了标识和记录，根据质量问题的性质和严重程度编制并提交了质量问题调查报告，及时返修后，质量验收合格。

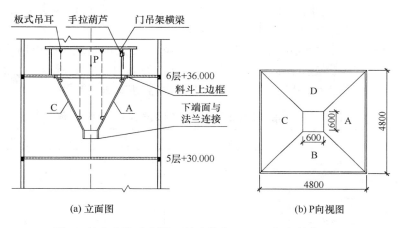

图 3 料仓安装示意图（尺寸单位：mm；标高单位：m）

问题：

1. 项目经理根据项目大小和具体情况如何配备技术人员？保温材料到达施工现场后应检查哪些质量证明文件？
2. 分析图 3 中存在哪些安全事故危险源？不锈钢壁板组对焊接作业过程中存在哪些职业健康危害因素？
3. 料仓出料口端平面标高基准点和纵横中心线的测量应分别使用哪种测量仪器？
4. 项目部编制的吊耳质量问题调查报告应及时提交给哪些单位？

（四）

背景资料：

A 公司承包某商务园区电气工程，工程内容：10/0.4kV 变电所、供电线路、室内电气等。主要设备（三相电力变压器、开关柜等）由建设单位采购，设备已运抵施工现场。其他设备、材料由 A 公司采购，A 公司依据施工图和资源配置计划编制了 10/0.4kV 变电所安装工作的逻辑关系及持续时间（表1）。

A 公司将 3000m 电缆排管施工分包给 B 公司，预算单价为 130 元/m，工期为 30d。B 公司签订合同后的第 15 天结束前，A 公司检查电缆排管施工进度，B 公司只完成电缆排管 1000m，但支付给 B 公司的工程进度款累计已达 200000 元，A 公司对 B 公司提出了警告，要求加快进度。

A 公司对 B 公司进行施工质量管理协调，编制的质量检验计划与电缆排管施工进度计划一致。A 公司检查电缆的型号和规格、绝缘电阻和绝缘试验均符合要求，在电缆排管检查合格后，按施工图进行电缆敷设，供电线路按设计要求完成。

变电所设备安装后，变压器及高压电器进行了交接试验，在额定电压下对变压器进行冲击合闸试验 3 次，每次间隔时间为 3min，无异常现象，A 公司认为交接试验合格，被监理工程师提出异议，要求重新进行冲击合闸试验。

建设单位要求变电所单独验收，给商务园区供电。A 公司整理了变电所工程验收资料，在试运行验收中，有一台变压器运行噪声较大，经有关部门检验分析及 A 公司提供的施工文件证明，不属于安装质量问题，后经变压器厂家调整处理通过验收。

表1　10/0.4kV 变电所安装工作的逻辑关系及持续时间

代号	工作内容	紧前工作	持续时间(d)	可压缩时间(d)
A	基础框架安装	—	10	3
B	接地干线安装	—	10	2
C	桥架安装	A	8	3
D	变压器安装	A、B	10	2
E	开关柜、配电柜安装	A、B	15	3
F	电缆敷设	C、D、E	8	2
G	母线安装	D、E	11	2
H	二次线路敷设	E	4	1
I	试验、调整	F、G、H	20	3
J	计量仪表安装	G、H	2	—
K	试运行验收	I、J	2	—

问题：

1. 按表1计算变电所安装的计划工期。如果每项工作都按表1压缩天数，其工期能压缩到多少天？

2. 计算电缆排管施工的费用绩效指数 CPI 和进度绩效指数 SPI。判断 B 公司电缆排管施工进度是提前还是落后？

3. 电缆排管施工中的质量管理协调有哪些同步性作用？10kV电力电缆敷设前应做哪些试验？

4. 变压器高、低压绕组的绝缘电阻测量应分别用多少伏的兆欧表？监理工程师为什么提出异议？写出正确的冲击合闸试验要求。

5. 变电所工程是否可以单独验收？对于试运行验收中发生的问题，A公司可提供哪些施工文件来证明不是安装质量问题？

(五)

背景资料：

某施工单位承接一处理500kt/a多金属矿综合回收技术改造项目。该项目的熔炼厂房内设计有1台冶金桥式起重机（额定起重量为50/15t，跨度为19m），方案采用直立单桅杆吊装系统进行设备就位安装。

工程中的氧气输送管道设计压力为0.8MPa，材质为20号钢、304不锈钢、321不锈钢；规格主要有$\phi377$、$\phi325$、$\phi159$、$\phi108$、$\phi89$、$\phi76$，制氧站到地上管网及底吹炉、阳极炉、鼓风机房界区内工艺管道共约1500m。

施工单位编制了施工组织设计和各项施工方案，经审批通过。在氧气管道安装合格、具备压力试验条件后，对管道系统进行强度试验。用氮气作为试验介质，先缓慢升压到设计压力的50%，经检查无异常，以10%试验压力逐级升压，每次升压后稳压3min，直至试验压力。稳压10min降至设计压力，检查管道无泄漏。

为了保证富氧底吹炉内衬砌筑质量，施工单位对砌筑过程中的质量问题进行了现场调查，并统计出质量问题（表2）。针对质量问题分别用因果图分析，经确认找出了主要原因。

表2 富氧底吹炉砌筑质量问题统计表

序号	质量问题	频数(点)	累计频数(点)	频率(%)	累计频率(%)
1	错牙	44	44	47.3	47.3
2	三角缝	31	75	33.3	80.6
3	圆周砌体的圆弧度超差	8	83	8.6	89.2
4	端墙砌体的平整度超差	5	88	5.4	94.6
5	炉膛砌体的线尺寸超差	2	90	2.2	96.8
6	膨胀缝宽度超差	1	91	1.0	97.8
7	其他	2	93	2.2	100.0
8	合计	93	—	—	—

问题：

1. 本工程的哪个设备安装应编制危大工程专项施工方案？该专项施工方案编制后必须经过哪个步骤才能实施？
2. 施工单位承接本项目应具备哪些特种设备的施工许可？
3. 影响富氧底吹炉砌筑的主要质量问题有哪几个？累计频率是多少？找到质量问题的主要原因之后要做什么工作？
4. 直立单桅杆吊装系统由哪几部分组成？卷扬机走绳、桅杆缆风绳和起重机捆绑绳的安全系数分别应不小于多少？
5. 氧气管道的酸洗钝化有哪些工序内容？计算氧气管道采用氮气的试验压力。

2020年度真题参考答案及解析

一、单项选择题

1. D;	2. C;	3. B;	4. B;	5. D;
6. B;	7. D;	8. B;	9. A;	10. B;
11. C;	12. D;	13. D;	14. C;	15. A;
16. B;	17. D;	18. A;	19. C;	20. A。

【解析】

1. D。本题考核的是电力电缆的应用。无卤低烟的聚烯烃材料主要采用氢氧化物作为阻燃剂，氢氧化物又称为碱，其特性是容易吸收空气中的水分（潮解）。潮解的结果是绝缘层的体积电阻系数大幅下降，由原来的17MΩ/km可降至0.1MΩ/km。

2. C。本题考核的是锅炉的性能。锅炉可靠性一般用五项指标考核，即运行可用率、等效可用率、容量系数、强迫停运率和出力系数。

3. B。本题考核的是管线中心定位的测量方法。管线中心定位的依据：定位时可根据地面上已有建筑物进行管线定位，也可根据控制点进行管线定位。例如，管线的起点、终点及转折点称为管道的主点。

4. B。本题考核的是发电机安装程序。发电机的安装程序是：定子就位→定子及转子水压试验→发电机穿转子→氢冷器安装→端盖、轴承、密封瓦调整安装→励磁机安装→对轮复找中心并连接→整体气密性试验等。

5. D。本题考核的是自动化仪表工程施工程序。仪表回路试验和系统试验必须全部检验。

6. B。本题考核的是工业金属管道安装技术要求。当不锈钢与碳素钢接触，又有水或潮气存在时，就形成了一个电化学原电池。在这个原电池里，碳素钢是负极，不锈钢是正极。

7. D。本题考核的是玻璃纤维布复合胶泥涂抹施工。玻璃纤维布应随第一层胶泥层边涂边贴，其环向、纵向缝的搭接宽度≥50mm，搭接处应粘贴密实，不得出现气泡或空鼓，因此A选项错误，错在"对接"二字，正确的应是"搭接"。粘贴的方式，可采用螺旋形缠绕法或平铺法，因此B选项错误，错在"不应"二字，正确的是"应"。待第一层胶泥干燥后，应在玻璃纤维布表面再涂抹第二层胶泥，因此C选项错误，错在"干燥后贴玻璃丝布"，正确的是"在玻璃纤维布表面再涂抹第二层胶泥"，因此D选项正确。

8. B。本题考核的是烘炉的技术要点。工业炉在投入生产前必须烘干烘透。烘炉前应先烘干烟囱及烟道，因此B选项正确。

9. A。本题考核的是电梯设备进场验收要求。设备进场验收时，应检查设备随机文件、设备零部件应与装箱单内容相符，设备外观不应存在明显的损坏等。随机文件包括土建布置图，产品出厂合格证，门锁装置、限速器、安全钳及缓冲器等保证电梯安全部件的型式检验证书复印件，设备装箱单，安装、使用维护说明书，动力电路和安全电路的电气原理图，因此B、C、D选项属于电梯设备进场验收的随机文件，不包括A选项。

11

10. B。本题考核的是消防灭火系统施工程序。消防灭火系统施工程序：施工准备→干管安装→立管、支管安装→箱体稳固→附件安装→强度严密性试验→冲洗→系统调试。包括管道冲洗这个施工程序，因此排除 A 选项。

消防水炮灭火系统施工程序：施工准备→干管安装→立管安装→分层干、支管安装→管道试压→管道冲洗→消防水炮安装→动力源和控制装置安装→系统调试。包括管道冲洗这个施工程序，因此排除 C 选项。

高压细水雾灭火系统施工程序：施工准备→支吊架制作、安装→管道安装→管道冲洗→管道试压→吹扫→喷头安装→控制阀组部件安装→系统调试。包括管道冲洗这个施工程序，因此排除 D 选项。

泡沫灭火系统施工程序：施工准备→设备和组件安装→管道安装→管道试压→吹扫→系统调试。不包括管道冲洗这个施工程序，因此本题 B 选项符合题意。

11. C。本题考核的是设备验收的内容。工程设备验收时，应核对设备的型号规格、设备供货商、数量等，关键原材料和元器件质量及质量证明文件复核，因此 A、B、D 选项为工程设备验收核对验证内容，不包括 C 选项。C 选项属于工程设备外观检查的内容。

12. D。本题考核的是施工组织设计编制依据。施工组织设计编制依据包括：（1）与工程建设有关的法律法规、标准规范、工程所在地区行政主管部门的批准文件，排除 B 选项。（2）工程施工合同、招标投标文件及建设单位相关要求，排除 A、C 选项。（3）工程文件，如施工图纸、技术协议、主要设备材料清单、主要设备技术文件、新产品工艺性试验资料、会议纪要等，因此 D 选项正确。（4）工程施工范围的现场条件，与工程有关的资源条件、工程地质及水文地质、气象等自然条件。（5）企业技术标准、管理体系文件、企业施工能力、同类工程施工经验等。

13. D。本题考核的是应急预案实施。生产经营单位应当制订本单位的应急预案演练计划，根据本单位的事故风险特点，每年至少组织一次综合应急预案演练或者专项应急预案演练，每半年至少组织一次现场处置方案演练，因此 A、B、C 选项正确。

施工单位、人员密集场所经营单位应当至少每半年组织一次生产安全事故应急预案演练，并将演练情况报送所在地县级以上地方人民政府负有安全生产监督管理职责的部门。因此 D 选项错误。

14. C。本题考核的是工序质量检验。机电工程工序质量检查的基本方法包括：感官检验法、实测检验法和试验检验法等。

15. A。本题考核的是压缩机试运转要求。压缩机空负荷单机试运行后，应排除气路和气罐中的剩余压力，清洗油过滤器和更换润滑油，排除进气管及冷凝收集器和气缸及管路中的冷凝液；需检查曲轴箱时，应在停机 15min 后再打开曲轴箱，因此 B、C、D 选项正确、A 选项错误。

16. B。本题考核的是依法实施计量检定的计量器具。按检定性质，项目部的计量器具分为 A、B、C 三类。A 类为本单位最高计量标准器具和用于量值传递的工作计量器具，例如一级平晶、水平仪检具、千分表检具、兆欧表、接地电阻测量仪；列入国家强制检定目录的工作计量器具，因此 B 选项正确。B 类用于工艺控制、质量检测及物资管理的周期性检定的计量器具。A、C、D 选项属于 B 类计量器具。

17. D。本题考核的是不同电压等级架空电力线路保护区的规定。各级电压导线边缘延伸的距离，不应当小于该导线边线在最大计算弧垂及最大计算风偏后的水平距离，以及风偏后导线边线距建筑物的安全距离之和。因此导线边缘延伸的水平安全距离应为 10 + 0.5 = 10.5m。

18. A。本题考核的是压力容器制造许可级别。具有 A1 级或 A2 级或 C 级压力容器制造许可企业即具备 D 级压力容器制造许可资格。A 选项属于 D 级制造许可证的制造范围；B 选项、C 选项属于 A1 级压力容器制造许可证的制造范围；D 选项属于 A3 级压力容器制造许可证的制造范围。因此本题选 A。

19. C。本题考核的是工业安装工程分项工程质量验收。主控项目包括的检验内容主要有：重要材料、构件及配件、成品及半成品、设备性能及附件的材质、技术性能等；结构的强度、刚度和稳定性等检验数据、工程性能检测。如管道的焊接材料、压力试验，风管系统的测定，电梯的安全保护及试运行等，因此 A、B、D 选项属于主控项目，C 选项属于一般项目。

一般项目是指除主控项目以外的检验项目。其规定的要求也是应该达到的，只不过对影响安全和使用功能的少数条文可以适当放宽一些要求。这些项目在验收时，绝大多数抽查的处（件）其质量指标都必须达到要求。

20. A。本题考核的是建设项目竣工验收程序中的正式验收。正式验收阶段的主要工作有：提出正式验收申请报告、筹组竣工验收委员会或验收小组、召开正式竣工验收会议。其中，召开正式竣工验收会议工作中，由验收委员会或验收小组主任主持会议，以大会和分组形式履行以下主要职责和任务：（1）听取项目建设工作汇报。（2）审议竣工验收报告。（3）审查工程档案资料。（4）查验工程质量。（5）审查生产准备。（6）核定遗留尾工。（7）核实移交工程清单。（8）审核竣工决算与审计文件。（9）做出全面评价结论。(10) 通过竣工验收会议纪要。(11) 资料档案移交。综上所述，B、C、D 选项属于工业建设项目正式竣工验收会议的主要任务，A 选项属于验收准备阶段的主要工作。

二、多项选择题

21. A、B、C、E； 22. A、B、C、D； 23. A、B、E；
24. B、D、E；   25. A、C、D；   26. A、B、C；
27. A、B、D、E； 28. A、B、D、E；   29. A、C、D；
30. A、B、C。

【解析】

21. A、B、C、E。本题考核的是平衡梁的主要作用。平衡梁的作用包括：（1）保持被吊设备的平衡，避免吊索损坏设备，因此 A 选项正确。（2）缩短吊索的高度，减小动滑轮的起吊高度，因此 E 选项正确。（3）减少设备起吊时所承受的水平压力，避免损坏设备。（4）多机抬吊时，合理平衡或分配吊点的载荷，因此 B 选项正确。横吊梁在利用杠杆原理，可以加大起重机的吊装范围，缩短吊索长度，增加起重机提升的有效高度，增加起吊高度，改变吊索的受力方向，降低吊索内力和消除吊索对构件的压力，因此 C 选项也正确。平衡梁绝对可以伸长吊索和设备的距离，但这样没有意义，主要作用就是缩短，考试的意思就看懂不懂缩短距离这个知识点，这里换成调整，也是正确的，因此 E 选项也正确。

22. A、B、C、D。本题考核的是钨极惰性气体保护焊的特点。(1) 具备焊条电弧焊的特点：可适用全位置焊接，焊接热输入量较低。焊接热输入量，亦称"线能量"。熔焊过程中，沿焊接方向单位焊缝长度上由电弧或其他热源所输入的热量。因此 A、D 选项正确。(2)电弧热量集中，可精确控制焊接热输入，焊接热影响区窄，因此 C 选项正确。(3)焊接过程不产生熔渣、无飞溅，焊缝表面光洁。(4)焊接过程无烟尘，熔池容易控制，焊缝质量高，因此 B 选项正确。(5)焊接工艺适用性强，几乎可以焊接所有的金属材料。(6)焊接参数可精确控制，易于实现焊接过程全自动化。

钨极手工氩弧焊属于钨极惰性气体保护焊。由于空气对流、过堂风、微风都可能破坏气体对焊接区的保护，钨极惰性气体保护焊在野外施工时应配置附属防风设施，因此 E 选项不正确。

23. A、B、E。本题考核的是机械设备润滑的主要作用。润滑与设备加油是保证机械设备正常运转的必要条件，通过润滑剂减少摩擦副的摩擦、表面破坏和降低温度，使设备具有良好工作性能，延长使用寿命。

24. B、D、E。本题考核的是接闪器的试验。接闪器的试验包括：(1)测量接闪器的绝缘电阻。(2)测量接闪器的泄漏电流、磁吹接闪器的交流电导电流、金属氧化物接闪器的持续电流。(3)测量金属氧化物接闪器的工频参考电压或直流参考电压，测量 FS 型阀式接闪器的工频放电电压。

25. A、C、D。本题考核的是管道安装技术要点。管道采用法兰连接时，法兰密封面及密封垫片不得有划痕、斑点等缺陷。

法兰连接应与钢制管道同心，螺栓应能自由穿入，法兰接头的歪斜不得用强紧螺栓的方法消除，因此 B 选项错误，错在"可强紧螺栓消除"这几个字，正确的是"不得用强紧螺栓的方法消除"。

法兰连接应使用同一规格螺栓，安装方向应一致，螺栓应对称紧固，因此 A、C、D 选项正确。

管道试运行时，热态紧固或冷态紧固应符合下列规定：钢制管道热态紧固、冷态紧固温度应符合规范要求，如工作温度大于 350℃时，一次热态紧固温度为 350℃，二次热态紧固温度为工作温度；如工作温度低于−70℃时，一次冷态紧固温度为−70℃，二次冷态紧固温度为工作温度，因此 E 选项错误。

26. A、B、C。本题考核的是高强度螺栓连接紧固要求。施工用的扭矩扳手使用前应进行校正，其扭矩相对误差不得大于±5%，因此 A 选项正确。

高强度螺栓安装时，穿入方向应一致，因此 B 选项正确。

高强度螺栓的拧紧宜在 24h 内完成，因此 C 选项正确。

高强度螺栓应按照一定顺序施拧，宜由螺栓群中央顺序向外拧紧，因此 D 选项错误，错在"一侧向另一侧拧紧"这几个字，正确的是"中央顺序向外拧紧"。

高强度螺栓连接副施拧分为初拧和终拧，因此 E 选项错误。

27. A、B、D、E。本题考核的是建筑室内给水管道支吊架安装要求。建筑室内给水管道支吊架安装要求：(1)滑动支架应灵活，滑托与滑槽两侧间应留有 3~5mm 的间隙、纵向移动量应符合设计要求，因此 A 选项正确。(2)无热伸长管道的吊架、吊杆应垂直安装，因此 B 选项正确。(3)有热伸长管道的吊架、吊杆应向热膨胀的反方向偏移，因此 C 选项错误，错在"应向热膨胀方向偏移"这几个字，正确的是"应向热膨胀的反方向偏移"。(4)塑料管及复合管垂直或水平安装的支架间距应符合规范的规定。采用金属制作的管道支架，应在管道与支架间加衬非金属垫或套管，因此 E 选项正确。(5)金属管道立管管卡安装应符合下列规定：楼层高度小于或等于5m，每层必须安装1个；楼层高度大于5m，每层不得少于2个；管卡安装高度，距地面应为1.5~1.8m，2个以上管卡应匀称安装，同一房间管卡应安装在同一高度上，因此D选项正确。

28. A、B、D、E。本题考核的是建筑电气工程母线槽安装要求。照明母线槽水平偏差全长不应大于5mm，垂直偏差不应大于10mm，因此B选项正确。母线槽段与段的连接口不应设置在穿越楼板或墙体处，垂直穿越楼板处应设置与建（构）筑物固定的专用部件支座，因此C选项错误。母线槽连接部件的防护等级应与母线槽本体的防护等级一致，因此D选项正确。母线槽连接处的接触电阻应小于0.1Ω，因此E选项正确。母线槽在安装前后的检查事项：进行安装前的绝缘测试；在通电之前也要进行检测，必须对母线槽系统进行相位和连接性试验，需要检测的有接地电阻和绝缘电阻，要有一定的绝缘性，因此A选项正确。

29. A、C、D。本题考核的是空调风管及管道绝热施工要求。橡塑绝热材料的施工应符合下列规定：（1）绝热层的纵、横向接缝应错开，缝间不应有孔隙，与管道表面应贴合紧密，不应有气泡，因此C、D选项正确。（2）矩形风管绝热层的纵向接缝宜处于管道上部，因此A选项正确。（3）多重绝热层施工时，层间的拼接缝应错开，因此E选项错误，错在"应一致"这三个字，正确的是"应错开"。

空调水系统和制冷系统管道的绝热施工，应在管路系统强度与严密性检验合格和防腐处理结束后进行，因此B选项错误，错在"处理前"这三个字，正确的是"处理后"。

水平管的纵向缝应位于管道的侧面，并应顺水流方向设置，因此C选项正确。

30. A、B、C。本题考核的是建筑智能化工程中的接口技术文件内容。接口技术文件应包括接口概述、接口框图、接口位置、接口类型与数量、接口通信协议、数据流向和接口责任边界等内容，因此A、B、C选项正确。

三、实务操作和案例分析题

(一)

1. 安装公司在施工准备和资源配置计划中完成得比较好的是：技术准备、现场准备、劳动力配置计划。

需要改进的是资金准备、物资配置计划。

2. 图1中的水压试验不符合规范规定之处：只安装了1块压力表，且安装位置错误。

正确做法：压力表不得少于2块（增加1块），应在加压系统的第一个阀门后（始端）和系统最高点（排气阀处、末端）各装1块压力表。

3. 对管道环向对接焊缝采用100%射线检测和100%超声检测；组成件的连接焊缝应进行100%渗透检测或100%磁粉检测。

设计单位对工艺管道系统应进行管道系统的柔性分析。

4. 监理工程师提出整改要求正确。

理由：因为相关规范要求风管板材拼接不得有十字形接缝，接缝应错开。

加固后的风管可按技术方案和协商文件进行验收。

（二）

1. A 公司制止凝结水管道连接的原因：凝结水泵初步找正后（管道不同心）不能进行管道连接。

B 公司应这样整改：管道应在凝结水泵安装定位（管口中心对齐）后进行连接。

在联轴节上应架设百分表（千分表）监视设备位移。

2. 监理工程师制止土方回填的理由：监理工程师没有验收（没有回复，在 48h 后才能回填）。

隐蔽工程验收通知内容：隐蔽验收内容、隐蔽方式（方法）、验收时间和地点（部位）。

3. 凝汽器灌水试验前后的注意事项：灌水试验前应加临时支撑，试验完成后应及时把水放净（排空）。

灌水水位应高出顶部冷却水管。

轴系中心复找工作应在凝汽器灌水至运行重量（运行水位）的状态下进行。

4. 在建设工程项目投入试生产前完成消防验收；在建设工程项目试生产阶段完成安全设施验收及环境保护验收。

（三）

1. 项目经理可依据项目大小和具体情况，按分部、分项和专业配备技术人员。

保温材料到达施工现场后应检查的质量证明文件有：出厂合格证或化验、物性试验记录等质量证明文件。

2. 图 3 中的料仓上口洞无防护栏杆，料仓未形成整体，临时固定坍塌。存在高空坠落、物体打击安全事故危险源。

不锈钢壁板组对焊接作业过程中，存在的职业健康危害因素有：电焊烟尘、砂轮磨尘、金属烟、紫外线（红外线）、高温。

3. 料仓出料口端平面标高基准点使用水准仪测量，纵横中心线使用经纬仪测量。

4. 编制的吊耳质量问题调查报告应向建设单位、监理单位和本单位（A 公司）管理部门提交。

（四）

1. 变电所安装的计划工期是 58d。

如果每项工作都按表 1 压缩天数，其工期能压缩到 48d。

2. 电缆排管施工的费用绩效指数 CPI 和进度绩效指数 SPI：

已完工程预算费用 $BCWP = 1000 \times 130 = 130000$ 元

计划工程预算费用 $BCWS = 100 \times 15 \times 130 = 195000$ 元

费用绩效指数 $CPI = BCWP/ACWP = 130000/200000 = 0.65$

进度绩效指数 $SPI = BCWP/BCWS = 130000/195000 = 0.67$

因为 CPI 和 SPI 都小于 1，B 公司电缆排管施工进度已落后。

3. 电缆排管施工中，质量管理协调的同步性作用：质量检查和验收记录的形成与电缆排管施工进度同步。

10kV 电力电缆敷设前应做交流耐压试验和直流泄漏性试验。

4. 变压器高、低压绕组的绝缘电阻测量应分别用 2500V 和 500V 兆欧表。

监理工程师提出异议的原因是：变压器在额定电压的冲击合闸试验不符合要求。

正确的冲击合闸试验要求：应在额定电压下对变压器进行冲击合闸试验 5 次，每次间隔时间为 5min，无异常现象，冲击合闸试验合格。

5. 变电所工程可以单独验收。

对于试运行验收中发生的问题，A 公司可提供工程合同、设计文件、变压器安装说明书、施工记录等施工文件来证明不是安装质量问题。

（五）

1. 本工程中，冶金桥式起重机安装应编制危大工程专项施工方案。

该专项施工方案编制后必须经过专家论证通过后才能实施。

2. 施工单位承接本项目应具备：压力管道施工许可和起重机械施工许可。

3. 影响富氧底吹炉砌筑的主要质量问题有：错牙和三角缝。

累计频率是 80.6%。

找到质量问题的主要原因之后要做的工作是制定对策。

4. 直立单桅杆吊装系统由桅杆、缆风系统和提升系统组成。

卷扬机走绳的安全系数应不小于 5，桅杆缆风绳的安全系数应不小于 3.5，起重机捆绑绳的安全系数应不小于 6。

5. 氧气管道的酸洗钝化按照脱脂去油、酸洗、水洗、钝化、水洗、无油压缩空气吹干的工序进行。

氧气管道采用氮气的试验压力为设计压力的 1.15 倍，即 $0.8 \times 1.15 = 0.92$ MPa。

《机电工程管理与实务》
考前冲刺试卷（一）及解析

学习遇到问题？
扫码在线答疑

《机电工程管理与实务》考前冲刺试卷（一）

一、单项选择题（共20题，每题1分。每题的备选项中，只有1个最符合题意）

1. 机电工程常用的黑色金属是（　　）。
   A. 铝　　　　　　　　　　　B. 铸铁
   C. 紫铜　　　　　　　　　　D. 钛合金
2. 三相变压器的性能参数不包括（　　）。
   A. 工作频率　　　　　　　　B. 运行效率
   C. 外部接线　　　　　　　　D. 空载损耗
3. 用空盒气压计和水银气压计进行高程测量的是（　　）。
   A. 水准测量　　　　　　　　B. 基准线测量
   C. 气压高程测量　　　　　　D. 三角高程测量
4. 吊装作业若采取同类型、同规格起重机双机抬吊时，单机载荷最大不得超过其安全负荷量的（　　）。
   A. 75%　　　　　　　　　　B. 80%
   C. 85%　　　　　　　　　　D. 90%
5. 预防焊接变形的装配工艺措施是（　　）。
   A. 进行层间锤击　　　　　　B. 预热拉伸补偿焊缝收缩
   C. 合理选择装配程序　　　　D. 合理安排焊缝位置
6. 下列分项工程中，（　　）分项工程不属于卫生器具子部分工程的内容。
   A. 卫生器具安装　　　　　　B. 卫生器具排水管道安装
   C. 坐便器安装　　　　　　　D. 试验与调试
7. 配电柜的检测与试验内容不包括（　　）。
   A. 检测绝缘拉杆的绝缘电阻
   B. 检测断路器的额定电流
   C. 检测每相导电回路的直流电阻
   D. 断路器操作机构动作试验
8. 在风管与法兰的连接过程中，焊缝形式不宜采用（　　）。
   A. 对接焊接　　　　　　　　B. 搭接焊接

C. 填角焊接   D. 点焊焊接

9. 建筑智能化安全技术防范系统不包括（　　）。
A. 入侵报警系统   B. 视频监控系统
C. 出入口控制系统   D. 火灾自动报警系统

10. 下列电梯部件中，出厂文件不需要型式检验证书复印件的是（　　）。
A. 选层器   B. 安全钳
C. 限速器   D. 缓冲器

11. 火灾自动报警及联动控制系统的施工程序中，线缆敷设的紧后工序是（　　）。
A. 线缆连接   B. 管线敷设
C. 绝缘测试   D. 单机调试

12. 关于30kW水泵单机试运行的说法，正确的是（　　）。
A. 连续试运行时间应为15min   B. 试运行的介质宜采用清水
C. 滑动轴承温度不应大于80℃   D. 滚动轴承温度不应大于90℃

13. 关于管道压力试验的说法，正确的是（　　）。
A. 管道热处理前进行压力试验   B. 脆性管道可用气体进行试验
C. 试验中发现泄漏可带压处理   D. 试验结束拆除临时约束装置

14. 配电装置送电验收的内容不包括（　　）。
A. 继电器动作调试   B. 校相
C. 空载运行   D. 电压

15. 关于回路试验规定的说法，正确的是（　　）。
A. 回路显示仪表的示值误差应超过回路内单台仪表的允许误差
B. 温度检测回路不能在检测元件的输出端向回路输入模拟信号
C. 现场不具备模拟信号的测量回路时应在最末端输入信号
D. 控制回路的执行器带有定位器时应同时进行试验

16. 宜采用阳极保护技术防腐的金属设备是（　　）。
A. 储罐   B. 蒸汽管网
C. 硫酸设备   D. 石油管道

17. 下列绝热层采用捆扎的施工方法，正确的是（　　）。
A. 宜采用螺旋式缠绕捆扎
B. 硬质绝热制品均不允许钻孔穿挂钩钉
C. 多层绝热层的绝热制品，应逐层捆扎
D. 每块绝热制品上的捆扎件不得少于三道

18. 经国务院计量行政部门批准作为统一全国量值最高依据的计量器具是（　　）。
A. 计量标准器具   B. 计量基准器具
C. 工作计量器具   D. 专用计量器具

19. 35kV架空电力线路保护区范围是导线边缘向外侧水平延伸的距离为（　　）。
A. 3m   B. 5m
C. 10m   D. 15m

20. 下列施工内容中，不属于特种设备监督检查范围的是（　　）。
A. 电梯安装   B. 起重机械安装

C. 压力管道安装　　　　　　　　D. 锅炉风道改造

二、多项选择题（共10题，每题2分。每题的备选项中，有2个或2个以上符合题意，至少有1个错项。错选，本题不得分；少选，所选的每个选项得0.5分）

21. 长输管线施工中，关于管口组对与焊接的说法，正确的有（　　）。

A. 焊接方法宜采用下向焊方式，用螺柱焊打底加自保护药芯半自动焊的方法进行主体管线的焊接；采用手工电弧焊进行焊缝返修

B. 后焊的焊道的起弧或收弧处应与前一道焊道起弧或收弧处相互错开30mm以上，严禁在坡口以外的钢管表面起弧

C. 根焊完成后，用角向磨光机修磨清理根焊道表面的熔渣、飞溅物、缺陷及焊缝凸高，修磨时不得伤及钢管外表面的坡口形状

D. 必须采用内对口器进行管道组对

E. 必须在每层焊道全部完成后，才能开始下一层焊道的焊接

22. 发电机安装程序的主要内容有（　　）。

A. 定子就位　　　　　　　　　　B. 定子及转子气压试验
C. 发电机穿转子　　　　　　　　D. 励磁机安装
E. 整体气密性试验

23. 高炉炉壳进行焊接时，关于焊接工艺的说法，正确的有（　　）。

A. 先焊外侧焊缝再焊内侧焊缝
B. 先焊内侧焊缝再焊外侧焊缝
C. 先焊各带立焊缝、后焊横焊缝
D. 采用对称方向、多层多焊道、分段退焊的方法进行焊接
E. 多名焊工均布圆周

24. 自动喷水灭火系统不适用于存在较多（　　）的场所。

A. 遇水发生爆炸或加速燃烧的物品
B. 遇水发生剧烈化学反应的物品
C. 洒水将导致喷溅或沸溢的液体
D. 易造成水渍损坏的物品
E. 遇水产生有毒有害物质的物品

25. 关于工业炉砌筑工程施工与验收要求的说法，正确的有（　　）。

A. 玻璃窑炉熔化部和冷却部窑拱砌筑完毕后，应逐步并均匀对称地拧紧各对立柱间拉杆的螺母

B. 回转式精炼炉炉口的双反拱砖应湿砌且砖缝厚度不应超过1mm

C. 焦炉同一炭化室的机、焦侧干燥床和封墙可以同时拆除

D. 热硬性耐火浇注料应烘烤到指定温度之后拆模

E. 承重模板应在耐火浇注料达到设计强度的60%以上后拆除

26. 下列关于机电工程施工组织设计的审核及批准，说法正确的有（　　）。

A. 没有批准的施工组织设计不得实施
B. 施工组织总设计由设计单位组织编制
C. 施工组织总设计应由总承包单位技术负责人审批后，向监理报批
D. 专项工程施工组织设计由监理单位组织编制

E. 当工程未实行施工总承包时，施工组织总设计应由建设单位负责组织各施工单位编制

27. 下列关于总承包的安全生产职责，说法正确的有（   ）。
   A. 在分包合同中应明确分包人安全生产责任和义务
   B. 对分包人提出安全管理要求，并认真监督检查
   C. 对违反安全规定冒险蛮干的分包人，应令其停工整改
   D. 审查分包人的安全施工资格和安全生产保证体系，可以将工程分包给不具备安全生产条件的分包人
   E. 应统计分包人的伤亡事故，按规定上报，并按分包合同约定协助处理分包人的伤亡事故

28. 关于施工现场施工机械设备管理要求的说法，正确的有（   ）。
   A. 严格执行施工机械设备操作规程与保养规程
   B. 严格实行专业人员进行的定期保养和监测修理制度
   C. 大型解体进场的吊装机械，现场组装调试后即可使用
   D. 进入现场的施工机械应进行安装验收，属于特种设备的应履行报检程序
   E. 执行重要施工机械设备专机专人负责制、机长负责制、操作人员持证上岗制

29. 工业机电工程负荷试运行应符合的标准包括（   ）。
   A. 生产装置应能连续运行，并成功生产出合格产品，实现一次投料负荷试运行成功
   B. 负荷试运行的关键控制点必须在预定时间正点到达
   C. 试运行过程中应完全避免任何设备、操作、人身事故，包括火灾和爆炸事故
   D. 环保设施应与主体工程同时设计、同时施工、同时投入使用，确保不造成环境污染
   E. 负荷试运行的总体费用不得超过预算，且应表现出良好的经济效益

30. 项目运行系统的设计、施工、调试、检测，以及评定等技术资料应齐全并妥善保存，并应对照系统实际情况进行核对。必备文件档案应包括的文件有（   ）。
   A. 竣工图
   B. 环境影响评价报告
   C. 仪器仪表的出厂合格证明
   D. 主要材料和设备的出厂合格证明
   E. 系统设备明细表及采购资料

三、实务操作和案例分析题（共5题，（一）、（二）、（三）题各20分，（四）、（五）题各30分）

（一）

背景资料：
某安装公司承接一酒店机电工程的施工，工程内容包括通风空调、建筑给水排水及供暖、建筑电气和消防工程等。为了获评"绿色施工示范工程"，项目部制定绿色施工管理制度，编制绿色施工组织设计和绿色施工方案，进行绿色施工教育培训，定期开展自查、联检和评价工作。

供暖及热水给水系统采用卧式容积式热交换器，安装示意图如图1所示。监理工程师检查时发现，在热交换器顶部安装的计量器具没有检定证书，且该安装公司没有相关的计量器具管理部门可以自行检定。

热交换器的最大工作压力为1.6MPa，蒸汽部分的工作压力为1.0MPa，在水压试验时，

项目部以试验压力为 2.0MPa 下，保持 5min 压力不降；并且在完成供暖管道系统冲洗后，随即进行了试运行及调试。监理工程师认为项目部的操作不符合规范要求，项目部整改后通过验收。

安装公司按规定对施工现场进行文明施工检查时发现：项目部随意堆放易产生扬尘的粉末状材料，对于现场堆放材料区域的地面未进行任何处理，且在露天场地对管道进行喷砂除锈作业。安装公司认为项目部未按要求对施工现场进行环境保护，要求其整改。

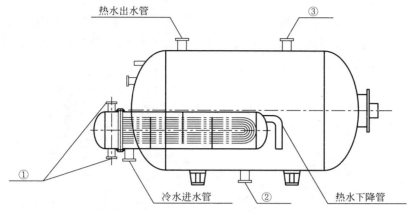

图 1　卧式容积式热交换器安装示意图

问题：

1. 绿色施工要点包括哪些内容？简述工程项目绿色施工批次评价次数。
2. 图 1 中①、②、③应分别对应哪种管道接口？热交换器顶部应安装哪些计量器具？计量器具应送交哪个检定机构检定？
3. 热交换器的水压试验应如何整改？供暖管道系统试运行及调试前还应补充哪项操作？
4. 施工现场环境保护不符合规范要求的应如何整改？

（二）

背景资料：

安装公司承接了某大学图书馆的消防安装工程，内容包含：消防给水及消火栓系统、自动喷水灭火系统、高压细水雾灭火系统和火灾自动报警系统安装。该图书馆共3层，建筑总面积为4200m²，高14m，其中一、二层为阅览室，采用自动喷水灭火系统；三层为藏书室，采用高压细水雾灭火系统。

工程开工前，项目部完成了施工组织设计及施工方案编制等技术准备工作，并由方案编制人员向施工人员进行了技术交底。交底时使用了大量的细部节点图，如图2所示，并对消防水泵接合器组装进行了交底。

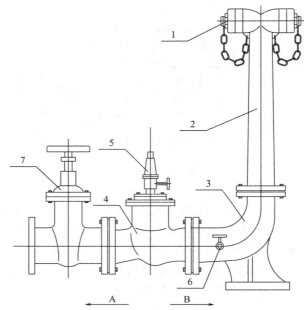

图2 消防水泵接合器安装细部节点图
1—接口；2—本体；3—连接管；6—放空管；7—控制阀

工程开工后，监理单位在审查点型感烟火灾探测器进场报验资料时，发现缺少3C认证证书，经补充后通过验收。

工程完工后，建设单位组织设计单位、监理单位、施工单位进行了消防工程验收，涉及消防的各分部分项工程验收合格，并在验收合格之日起5个工作日内向消防设计审核部门办理了消防验收备案。

问题：

1. 施工方案交底应包括哪些内容？施工方案编制依据包括哪些内容？
2. 图2中4、5号部件的名称是什么？水流是流向A端还是B端？
3. 点型感烟火灾探测器的进场报验资料还应有哪些？简述点型感烟火灾探测器安装要求。
4. 建设单位向消防设计审核部门办理验收备案的做法是否合规？为什么？

(三)

背景资料:

A 公司承接某安装工程,合同包括通风空调、集热器等内容。实施前,项目部编制了工程进度费用计划,污水系统管道安装工程量为 2000m,预算单价为 90 元/m,总费用为 18 万元,计划 20d 完成,每天 100m,经考虑后,将其分包给 B 公司施工。

实施时,质检员日常巡检发现:管道的橡胶接头有质量隐患,如图 3 所示,集热器与集热器之间用型钢连接也存在质量问题,施工人员对橡胶接头进行了整改,但对集热器连接的整改提出异议。

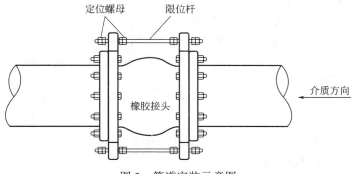

图 3 管道安装示意图

污水系统施工至第 12 天结束时,核查进度发现实际完成污水管安装 1000m,但已支付 B 公司费用 12 万元。

工程完工后,项目部在某次施工技术总结时,发现关键工作属于填补国内技术空白,将该工艺编制成施工工法,包括的内容有:前言、特点、工艺原理、施工工艺流程及操作要点、材料设备、质量控制、安全措施、环保措施等。A 公司技术负责人认为工法内容不完整,要求项目部补充完整后,批准为企业级工法,随后 A 公司完善相应级别的科技查新报告,将该企业工法逐级报成国家级工法。

问题:

1. 指出图 3 有哪些错误?如何改正?
2. 施工人员提出异议是否合理?简述集热器之间的连接要求。
3. 计算污水管的费用偏差、进度偏差及费用绩效指数。
4. 项目部编制的工法还应增加哪些内容?科技查新报告由哪个部门提供?

(四)

背景资料：

A 单位中标某商务大厦的机电安装工程，A 单位把电梯分部工程分包给具有专业资质的 B 单位。施工过程中发生了如下事件：

事件1：电梯进场验收时，检查了曳引式电梯的随机文件，包括：门锁装置、限速器、安全钳及缓冲器等保证电梯安全部件的型式检验证书复印件，设备装箱单，电气原理图。

事件2：B 单位完成设备开箱检查后，开始安装电梯导轨，遭到了监理工程师的制止，项目部补充手续后允许施工。

事件3：安装单位的项目部结合项目实际情况，从人工费和材料成本两个方面制定了详细的施工成本控制措施，有效地控制了项目成本。

事件4：电梯分部工程的施工内容包括中速乘客电梯、低速观光电梯等，B 单位对电梯进行了曳引能力试验和运行试验。电梯安装完成后，施工单位组织相关人员进行预验收，同时顺便组织进行了复验。

问题：

1. 电梯的随机文件还缺少哪些内容？电气原理图包括哪几个电路？
2. 监理工程师制止导轨安装是否正确？说明理由。
3. 简述项目部进行施工成本控制措施的内容。
4. 电梯进行曳引能力试验过程中，行程下部范围应用多少额定载重量进行试验？需要停层运行多少次？观光电梯与乘客电梯的额定运行速度范围分别是多少？
5. 电梯安装工程是否可以同时进行预验收和复验？说明理由。

（五）

背景资料：

A公司承建某2×300MW锅炉发电机组工程。锅炉为循环流化床锅炉，汽机为凝汽式汽轮机。锅炉的部分设计参数见表1：

表1 锅炉的部分设计参数

项目	单位	数值
蒸发量	t/h	1025
过热蒸汽出口压力	MPa	17.65
汽包设计压力	MPa	20.00

A公司持有1级锅炉安装许可证和GD1级压力管道安装许可证，施工前按规定进行了安装告知。由B监理公司承担工程监理。

A公司的1级锅炉安装许可证在2个月后到期，A公司已于许可证有效期届满前6个月，按规定向公司所在地省级质量技术监督局提交了换证申请，并已完成换证鉴定评审，发证在未来的两周内完成。但监理工程师认为，新的许可证不一定能被批准，为不影响工程的质量和正常进展，建议建设单位更换施工单位。

工程所在地的冬季气温会低至−10℃，A公司提交报审的施工组织设计中缺少冬季施工措施，监理工程师要求A公司补充。锅炉受热面的部件材质主要为合金钢和20G，在安装前，根据制造厂的出厂技术文件清点了锅炉受热面的部件数量，对合金钢部件进行了材质复验。

A公司在油系统施工完毕，准备进行油循环时，监理工程师检查发现油系统管路上的阀门门杆垂直向上布置，要求整改。A公司整改后，自查原因，是施工技术方法的控制策划失控。

锅炉安装后进行整体水压试验。

（1）水压试验时，在汽包和过热器出口联箱处各安装了一块精度为1.0级的压力表，量程符合要求；在试压泵出口也安装了一块同样精度和规格的压力表。

（2）在试验压力保持期间，压力降 $\Delta p = 0.2$ MPa，压力降至汽包工作压力后全面检查：压力保持不变，在受压元件金属壁和焊缝上没有水珠和水雾，受压元件没有明显变形。

在工程竣工验收中，A公司以监理工程师未在有争议的现场费用签证单上签字为由，直至工程竣工验收50d后，才把锅炉的相关技术资料和文件移交给建设单位。

问题：

1. 本工程中，监理工程师建议更换施工单位的要求是否符合有关规定？说明理由。
2. 锅炉安装环境温度低于多少度时应采取相应的保护措施？A公司是根据哪些技术文件清点了锅炉受热面的部件数量？如何复验合金钢部件的材质？
3. 油系统管路上的阀门应怎样整改？施工技术方法的控制策划有哪些主要内容？

4. 计算锅炉一次系统（不含再热蒸汽系统）的水压试验压力。压力表的精度和数量是否满足水压试验要求？本次水压试验是否合格？

5. 在工程竣工验收中，A公司的做法是否正确？说明理由。

考前冲刺试卷（一）参考答案及解析

一、单项选择题

1. B；	2. C；	3. C；	4. B；	5. C；
6. C；	7. B；	8. D；	9. D；	10. A；
11. A；	12. B；	13. D；	14. A；	15. D；
16. C；	17. C；	18. B；	19. C；	20. D。

【解析】

1. B。本题考核的是黑色金属的类型。黑色金属包括：纯铁、铸铁、碳素钢和合金钢。广义的黑色金属还包括铬、锰及其他合金。

有色金属是铁、锰、铬以外的所有金属的统称。有色金属可分为重金属、轻金属、贵金属及稀有金属。

2. C。本题考核的是三相变压器的性能参数。三相变压器的性能参数：工作频率、额定功率、额定电压、电压比、运行效率、空载电流、空载损耗、绝缘电阻。

3. C。本题考核的是气压高程测量。（1）气压高程测量仪器：最常用的仪器为空盒气压计和水银气压计。（2）三角高程测量仪器：经纬仪、全站仪和（激光）测距仪。（3）水准测量仪器：水准仪和标尺。（4）基准线测量仪器：经纬仪和检定钢尺。

4. B。本题考核的是起重机选用的基本参数。两台起重机械同时起吊一重物时，宜选用相同类型或性能相近的起重机。要根据起重机械的起重能力进行合理的负荷分配；起吊重量不应超过两台起重机械所允许起吊重量总和的75%。每一台起重机械的负荷量不宜超过其安全负荷量的80%。

5. C。本题考核的是预防焊接变形的装配工艺措施。预防焊接变形的装配工艺措施：（1）预留收缩余量法；（2）反变形法；（3）刚性固定法；（4）合理选择装配程序。A、B选项属于降低焊接应力的工艺措施，D选项属于预防焊接变形的措施。

6. C。本题考核的是建筑给水排水与供暖的分部分项工程。卫生器具子部分工程包括：卫生器具安装、卫生器具给水配件安装、卫生器具排水管道安装、试验与调试等分项工程。

7. B。本题考核的是配电柜的检测与试验内容。配电柜内电器检测内容：测量开关主回路直流电阻和绝缘电阻，检测绝缘拉杆的绝缘电阻；检测每相导电回路的直流电阻；检测断路器的分、合闸时间；检测断路器主触头分、合闸的同期性；检测断路器合闸的触头弹跳时间；检测分、合闸线圈的绝缘电阻和直流电阻；检查SF_6气体断路器的漏气率及含水率等。

配电柜内电器试验内容：断路器交流耐压试验；断路器分、合闸能力试验；断路器操作机构动作试验；互感器、电容器性能试验；备用自投试验；操作联动试验；避雷器试验等。

8. D。本题考核的是硬聚氯乙烯风管制作。风管与法兰常采用的焊缝形式有对接焊接、搭接焊接、填角或对角焊接。这些焊缝形式在连接风管与法兰时，能够提供足够的强度和稳定性，保证连接的密封性和可靠性。

点焊焊接：点焊是通过焊接电极对两个工件施加压力，并利用电流通过接触点产生熔化，形成焊点的连接方式。这种连接方式在风管与法兰的连接中不常被采用，因为它可能无法提供足够的强度和密封性。

9. D。本题考核的是安全技术防范系统的组成。安全技术防范系统主要包括：入侵报警系统、视频监控系统、出入口控制系统、电子巡查系统、停车库（场）管理系统以及以防爆安全检查系统为代表的特殊子系统等。

10. A。本题考核的是电梯出厂随机文件。电梯出厂随机文件包括：土建布置图，产品出厂合格证，门锁装置、限速器、安全钳及缓冲器等保证电梯安全部件的型式检验证书复印件，设备装箱单，安装使用维护说明书，动力电路和安全电路的电气原理图。因此本题选A。

11. A。本题考核的是火灾自动报警及联动控制系统施工程序。火灾自动报警及联动控制系统施工程序：管线敷设→线缆敷设→线缆连接→绝缘测试→设备安装→单机调试→系统调试→系统检测、验收。

12. B。本题考核的是机电工程项目单机试运行。当泵的轴功率小于50kW时，连续单机试运行时间应为30min。因此A选项中试运行时间数值"15min"错误，正确的是"30min"。

单机试运行的介质宜采用清水，因此B选项正确。

泵进行单机试运行时，轴承、轴承箱和油池润滑油的温升不应超过环境温度40℃，滑动轴承的温度不应大于70℃，滚动轴承的温度不应大于80℃。因此，C选项中描述的数值规定"不应大于80℃"错误，正确的是"不应大于70℃"。D选项中描述的数值规定"不应大于90℃"错误，正确的是"不应大于80℃"。

13. D。本题考核的是管道系统试验。管道安装完毕，热处理和无损检测合格后，进行压力试验，因此A选项错误。B选项错在"可用"二字，正确的应为"严禁使用"。试验过程发现泄漏时，不得带压处理，因此C选项错误。试验结束后及时拆除盲板、膨胀节临时约束装置，因此D选项正确。

14. A。本题考核的是配电装置送电验收的内容。包括：

（1）由供电部门检查合格后将电源送进室内，经过验电、校相无误。

（2）合高压进线开关，检查高压电压是否正常；合变压器柜开关，检查变压器是否有电，合低压柜进线开关，查看低压电压是否正常。分别合其他柜的开关。

（3）空载运行24h，无异常现象，办理验收手续，交建设单位使用。同时提交施工图纸、施工记录、产品合格证说明书、试验报告单等技术资料。

15. D。本题考核的是回路试验。在检测回路的信号输入端输入模拟被测变量的标准信号，回路的显示仪表部分的示值误差，不应超过回路内各单台仪表允许基本误差平方和的平方根值。因此A选项说法错误，并且A选项错在"应超过"这三个字，正确的说法是"不应超过"。

温度检测回路可在检测元件的输出端向回路输入电阻值或毫伏值模拟信号。因此B选项说法错误，错在"不能在"这三个字，正确的说法是"可在"。

当现场不具备模拟被测变量信号的回路时，应在其同模拟输入信号的最前端输入信号进行回路试验。因此C选项说法错误，错在"最末端"这三个字，正确的说法是"最前端"。

通过控制器或操作站的输出向执行器发送控制信号,检查执行器的全行程动作方向和位置应正确,执行器带有定位器时应同时进行试验。因此 D 选项说法正确。

16. C。本题考核的是设备及管道防腐蚀措施。电化学保护是利用金属电化学腐蚀原理对设备或管道进行保护,分为阳极保护和阴极保护两种形式。例如,硫酸设备等化工设备和设施可采用阳极保护技术;埋地钢质管道、管网以及储罐常采用阴极保护技术。

17. C。本题考核的是绝热层采用捆扎法的施工要求。绝热层采用捆扎法的施工要求:

(1) 不得采用螺旋式缠绕捆扎。因此 A 选项所述施工方法不正确。

(2) 每块绝热制品上的捆扎件不得少于两道,对有振动的部位应加强捆扎。因此 D 选项所述施工方法不正确。

(3) 双层或多层绝热层的绝热制品,应逐层捆扎,并应对各层表面进行找平和严缝处理。因此 C 选项所述施工方法正确。

(4) 不允许穿孔的硬质绝热制品,钩钉位置应布置在制品的拼缝处;钻孔穿挂的硬质绝热制品,其孔缝应采用矿物棉填塞。因此 B 选项所述施工方法不正确。

18. B。本题考核的是依法管理的计量器具。依法管理的计量器具包括:计量基准器具、计量标准器具、工作计量器具。

(1) 计量基准器具:国家计量基准器具,用以复现和保存计量单位量值,经国务院计量行政部门批准作为统一全国量值最高依据的计量器具。

(2) 计量标准器具:准确度低于计量基准的、用于检定其他计量标准或工作计量器具的计量器具。

(3) 工作计量器具:企业、事业单位进行计量工作时应用的计量器具。

19. C。本题考核的是架空电力线路保护区的规定。架空电力线路保护区,是指导线边线向外侧水平延伸并垂直于地面所形成的两平行面内的区域,具体见表2。

表2 不同电压等级架空电力线路保护距离表

序号	架空电力线路电压等级(kV)	外侧水平延伸距离(m)
1	1~10	5
2	35~110	10
3	154~330	15
4	500	20

20. D。本题考核的是特种设备的定义。《特种设备安全监察条例(2009修订)》第二条规定,特种设备是指涉及生命安全、危险性较大的锅炉、压力容器(含气瓶)、压力管道、电梯、起重机械、客运索道、大型游乐设施和场(厂)内专用机动车辆。第二十一条规定,锅炉、压力容器、压力管道元件、起重机械、大型游乐设施的制造过程和锅炉、压力容器、电梯、起重机械、客运索道、大型游乐设施的安装、改造、重大维修过程,必须经国务院特种设备安全监督管理部门核准的检验检测机构按照安全技术规范的要求进行监督检验;未经监督检验合格的不得出厂或者交付使用。D 选项中,锅炉风道是炉窑砌筑工程,用砖砌筑的一部分,因此不属于设备的一个种类,因此 D 选项不属于特种设备监督检查范围。

二、多项选择题

21. B、C、E； 22. A、C、D、E； 23. B、C、D、E；
24. A、B、C、E； 25. A、B、D； 26. A、C、E；
27. A、B、C、E； 28. A、B、D、E； 29. A、B、D、E；
30. A、C、D、E。

【解析】

21. B、C、E。本题考核的是管口组对与焊接。A选项错误，焊接方法宜采用下向焊方式，用手工焊打底加自保护药芯半自动焊的方法进行主体管线的焊接；采用手工电弧焊进行焊缝返修。

D选项错误，优先采用内对口器进行管道组对。

22. A、C、D、E。本题考核的是发电机安装程序。发电机设备的安装程序：台板（基架）就位、找正→定子就位、找正→定子及转子水压试验→发电机穿转子→氢冷器安装→端盖、轴承、密封瓦调整安装→励磁机安装→对轮复找中心并连接→整体气密性试验等。

23. B、C、D、E。本题考核的是高炉炉壳焊接要求。高炉炉壳应先焊内侧焊缝再焊外侧焊缝，并应先焊各带立焊缝、后焊横焊缝。应由多名焊工均布圆周，采用对称方向、多层多焊道、分段退焊的方法进行焊接。

24. A、B、C、E。本题考核的是自动喷水灭火系统设计要求。自动喷水灭火系统不适用于存在较多下列物品的场所：(1) 遇水发生爆炸或加速燃烧的物品。(2) 遇水发生剧烈化学反应或产生有毒有害物质的物品。(3) 洒水将导致喷溅或沸溢的液体。

25. A、B、D。本题考核的是工业炉砌筑工程施工与验收要求。C选项错误，焦炉同一炭化室的机、焦侧干燥床和封墙不得同时拆除。

E选项错误，承重模板应在耐火浇注料达到设计强度的70%以上后拆除。

26. A、C、E。本题考核的是机电工程施工组织设计的审核及批准。没有批准的施工组织设计不得实施，因此A选项正确。

施工组织总设计由施工总承包单位组织编制，因此B选项错误。

当工程未实行施工总承包时，施工组织总设计应由建设单位负责组织各施工单位编制，因此E选项正确。

单位工程或专项工程施工组织设计由施工单位组织编制，因此D选项错误。

施工组织总设计应由总承包单位技术负责人审批后，向监理报批，因此C选项正确。

27. A、B、C、E。本题考核的是总承包的安全生产职责。D选项错误，审查分包人的安全施工资格和安全生产保证体系，不应将工程分包给不具备安全生产条件的分包人。

28. A、B、D、E。本题考核的是施工现场施工机械设备管理要求。C选项错误，大型解体进场的吊装机械，现场组装调试后必须试吊，试吊的重量必须满足在同等条件下需吊装的最重设备的重量。经相关负责人确认合格后方可使用。

29. A、B、D、E。本题考核的是工业机电工程负荷试运行应符合的标准。C选项错误，因为在实际操作中，完全避免任何设备、操作、人身事故是非常困难的，负荷试运行的标准是"不发生重大"的设备、操作、人身事故，以及不发生火灾和爆炸事故，而不是"完全避免"任何事故。

30. A、C、D、E。本题考核的是项目运行的资料管理。项目运行系统的设计、施工、调试、检测，以及评定等技术资料应齐全并妥善保存，并应对照系统实际情况进行核对。必备文件档案应包括下列文件：(1) 系统设备明细表及采购资料。(2) 主要材料和设备的出厂合格证明及进场检（试）验报告。(3) 仪器仪表的出厂合格证明、使用说明书和最近一次的校正记录。(4) 图纸会审记录、设计变更通知书和竣工图。(5) 隐蔽工程检查验收记录。(6) 设备及管道系统安装及检验记录；管道冲洗和试验记录。(7) 设备单机试运行记录；系统联动试运行记录。

三、实务操作和案例分析题

（一）

1. 绿色施工要点包括：绿色施工管理、环境保护、资源节约、人力资源节约和保护、技术创新等。

工程项目绿色施工批次评价次数每季度不应少于1次，且每阶段不应少于1次。

2. 图1中①—热媒（蒸汽）进、出口，②—排污管口，③—安全阀接管口。

热交换器顶部应安装温度计、压力表。

企业计量管理部门无权检定的项目，计量器具应送交法定（授权、有资质）的检定机构检定。

3. 热交换器的水压试验压力应为最大工作压力的1.5倍，$1.6 \times 1.5 = 2.4$ MPa，且保持10min压力不降。

供暖管道系统试运行及调试前还应充水（加热）。

4. 施工现场环境保护不符合规范要求的应按照下列要求整改：

(1) 粉末状材料应该封闭（集中）存放。

(2) 材料堆放区应及时进行地面硬化。

(3) 管道喷砂除锈作业应在封闭的场所内进行。

（二）

1. 施工方案交底应包括的内容：工程的施工程序和顺序、施工工艺、操作方法、要领、质量控制、安全措施、环境保护措施等。

施工方案编制依据包括：与工程有关的法律法规、标准规范、施工合同、施工组织设计、设计文件、设备技术文件、施工现场条件、施工企业管理制度及同类工程施工经验等。

2. （1）4号部件的名称是：止回阀；5号部件的名称是：安全阀。

（2）水流是流向A端。

3. 点型感烟火灾探测器的进场报验资料还应有：使用说明书、清单、质量合格证明文件、国家法定质检机构的检验报告等文件。

点型感烟火灾探测器安装要求：探测器至墙壁、梁边的水平距离不应小于0.5m；探测器周围0.5m内不应有遮挡物；探测器至空调送风口边的水平距离不应小于1.5m；至多孔送风口的水平距离不应小于0.5m。

4. 建设单位向消防设计审核部门办理验收备案的做法不合规。

理由：建筑总面积大于2500m^2的大学图书馆，应按规定申请消防验收，该大学图书馆建筑总面积为 4200m²，因此应按规定申请消防验收，办理消防验收备案不合规。

（三）

1. 图 3 存在下列错误及改正：

错误一：限位杆定位螺母未松开；

改正：限位杆需要松开限位螺栓，将限位螺栓定位螺母调到合适位置预留工作空隙。

错误二：上游螺栓方向错误；

改正：橡胶软接头螺栓安装方向应螺母朝向外侧，避免螺栓顶到橡胶球体。

2. （1）施工人员提出异议不合理。

（2）集热器与集热器之间的连接宜采用柔性连接，且密封可靠、无泄漏、无扭曲变形。

3. $BCWP$（已完工程预算费用）= 1000×90 = 9 万元

$ACWP$（已完工程实际费用）= 12 万元

$BCWS$（计划工程预算费用）= 1200×90 = 10.8 万元

费用偏差 = 9−12 = −3 万元

进度偏差 = 9−10.8 = −1.8 万元

费用绩效指数 = 9/12 = 0.75

4. （1）项目部编制的工法还应增加适用范围、效益分析和应用实例。

（2）科技查新报告由省级以上技术情报部门提供。

（四）

1. （1）电梯的随机文件还缺少下列内容：安装、使用维护说明书；产品出厂合格证；土建布置图。

（2）电气原理图包括 2 个电路：动力电路、安全电路。

2. （1）监理工程师制止导轨安装正确。

（2）理由：①电梯安装的施工单位应当在施工前将拟进行的电梯情况书面告知直辖市或者设区的市的特种设备安全监督管理部门，告知后方可施工。②安装单位应当在履行告知后、开始施工前（不包括设备开箱、现场勘测等准备工作），向规定的检验机构申请监督检验，待检验机构审查电梯制造资料完毕，并且获悉检验结论为合格后，方可实施安装。③电梯安装前，土建施工单位、安装单位、建设（监理）单位应共同对土建工程进行交接验收。

3. （1）人工费成本的控制措施：严格劳动组织，合理安排生产工人进出厂时间；严密劳动定额管理，实行计件工资制；加强技术培训，强化生产工人技术素质，提高劳动生产率。

（2）材料成本的控制措施：材料采购方面，从量和价两个方面控制，尤其是项目含材料费的工程，如非标准设备的制作安装。材料使用方面，从材料消耗数量控制，采用限额领料和有效控制现场施工耗料。

4. （1）电梯进行曳引能力试验过程中，行程下部范围应用 125%额定载重量进行试验，需要停层运行 3 次。

（2）观光电梯的额定运行速度范围：$v \leq 1\text{m/s}$；乘客电梯的额定运行速度范围：$1\text{m/s} < v \leq 2.5\text{m/s}$。

5. （1）电梯安装工程不可以同时进行预验收和复验。
（2）理由：预验收结束后，施工单位应在预验收的基础上进行整改，再由项目经理提请上级单位进行复验，从而为正式验收做好准备。

（五）

1. 本工程中，监理工程师建议更换施工单位的要求不符合有关规定。
理由：A 公司持有的锅炉安装许可证未过期（或在有效期内），A 公司的换证程序合规（符合规定）。
2. 锅炉安装环境温度低于 0℃时应采取相应的保护措施。
A 公司是根据下列技术文件清点了锅炉受热面的部件数量：
（1）供货清单。
（2）装箱单。
（3）图纸。
复验合金钢部件材质的方法：用光谱分析、逐件复验合金钢部件的材质。
3. 油系统管路上阀门的整改措施：阀门门杆应水平（或向下）布置。
施工技术方法的控制策划主要内容有：
（1）施工方案。
（2）专题措施。
（3）技术交底。
（4）作业指导书。
（5）技术复核。
4. 锅炉一次系统（不含再热蒸汽系统）的水压试验压力为 25MPa。
压力表的精度和数量满足水压试验要求。
本次水压试验合格。
5. 在工程竣工验收中，A 公司的做法不正确。
理由：特种设备的安装竣工后，安装施工单位应当在验收后 30d 内将相关技术资料和文件移交特种设备使用单位。

《机电工程管理与实务》

考前冲刺试卷（二）及解析

学习遇到问题？
扫码在线答疑

《机电工程管理与实务》考前冲刺试卷（二）

一、**单项选择题**（共20题，每题1分。每题的备选项中，只有1个最符合题意）

1. 下列塑料中，不属于热塑性塑料的是（　　）。
   A. 聚氯乙烯　　　　　　　　B. 聚苯乙烯
   C. 聚丙烯　　　　　　　　　D. 环氧塑料

2. 浮法玻璃生产线是当前主要的玻璃生产设备，其关键设备是（　　）。
   A. 熔窑　　　　　　　　　　B. 锡槽
   C. 退火窑　　　　　　　　　D. 成品加工线

3. 设备安装时，高程控制的水准点可由厂区给定的标高基准点引测至（　　）。
   A. 设备的中心端点　　　　　B. 设备外壳的顶端
   C. 混凝土固定标桩　　　　　D. 稳固的建筑物上

4. 关于手拉葫芦的使用要求，下列说法正确的是（　　）。
   A. 手拉葫芦吊挂点的承载能力应至少为其额定载荷的1.05倍，多台葫芦起重同一工件时，单台葫芦的最大载荷不应超过其额定载荷的80%
   B. 手拉葫芦在垂直、水平或倾斜状态使用时，施力方向应与链轮方向相反，以防止卡链或掉链
   C. 若手拉葫芦需长时间承受负荷，应将手拉链绑在起重链上，以防止自锁装置失效
   D. 已经使用2个月以上的手拉葫芦，应直接更换，不应继续使用

5. 按照《承压设备焊接工艺评定》NB/T 47014—2023，把焊接所有工艺参数分为重要因素、补加因素和次要因素三种。当有（　　）韧性要求时，补加因素就上升为重要因素。
   A. 拉伸　　　　　　　　　　B. 冲击
   C. 弯曲　　　　　　　　　　D. 剪切

6. 建筑热水管道系统的冲洗要求是（　　）。
   A. 先冲洗底部干管，后冲洗各环路支管
   B. 先冲洗各环路支管，后冲洗底部干管
   C. 先冲洗底部水平支管，后冲洗垂直干管
   D. 先冲洗上部支管，后冲洗下部干管

7. 关于母线槽安装技术要求的说法，正确的是（　　）。

A. 垂直安装时不应设置弹簧支架
B. 每节母线槽的支架不应少于1个
C. 圆钢吊架直径不得小于6mm
D. 穿越楼板的孔洞不用进行防火封堵

8. 关于橡塑绝热材料的施工，说法错误的是（　　）。
A. 绝热层的纵、横向接缝应错开，缝间不应有孔隙
B. 绝热层应点铺，表面应平整，不应有裂缝、空隙等缺陷
C. 多重绝热层施工时，层间的拼接缝应错开
D. 绝热层的纵、横向接缝与管道表面应贴合紧密，不应有气泡

9. 建筑监控设备中的风管型传感器安装应在风管（　　）完成后进行。
A. 调试 B. 测试
C. 防腐 D. 保温层

10. 电梯渐进式安全钳动作试验的载荷为（　　）。
A. 50%额定载重量 B. 100%额定载重量
C. 110%额定载重量 D. 125%额定载重量

11. 下列试验中，属于气体灭火系统调试内容的是（　　）。
A. 模拟启动试验 B. 水压试验
C. 真空试验 D. 喷泡沫试验

12. 汽轮机与发电机的联轴器装配定心时，关于控制安装偏差的说法，错误的是（　　）。
A. 调整两轴心径向位移时，发电机端应高于汽轮机端
B. 调整两轴线倾斜时，上部间隙大于下部间隙
C. 调整两端面间隙时选择较大值
D. 应考虑补偿温度变化引起的偏差

13. 阀门与管道连接时，要求阀门在开启状态下安装的是（　　）方式连接。
A. 法兰 B. 沟槽
C. 螺纹 D. 焊接

14. 下列关于电动机试运行前检查的说法，错误的是（　　）。
A. 检查电动机安装是否牢固，地脚螺栓是否全部拧紧
B. 应用500V兆欧表测量电动机绕组的绝缘电阻
C. 电动机的保护接地线必须连接可靠，接地线（铜芯）的截面积不小于$2mm^2$
D. 通电检查电动机的转向是否正确

15. 下列不同材质的仪表管道，用管道外径的总数表示其最小允许弯曲半径，倍数从大到小依次为（　　）。
A. 高压钢管、紫钢管、塑料管 B. 高压钢管、塑料管、紫钢管
C. 塑料管、高压钢管、紫钢管 D. 塑料管、紫钢管、高压钢管

16. 软聚氯乙烯板衬里施工时，可采用（　　）。
A. 热风焊 B. 挤出焊
C. 热压焊 D. 粘贴法

17. 下列关于绝热结构设置伸缩缝的说法，正确的是（　　）。

A. 两固定管架间水平管道的绝热层不应留设伸缩缝
B. 设备采用软质绝热制品时,必须留设伸缩缝
C. 方形设备壳体上有加强筋板时,绝热层可不留设伸缩缝
D. 立式设备及垂直管道可不设置绝热伸缩缝

18. 用于二、三级能源计量的周期检定计量器具是（   ）。
    A. 兆欧表   B. 接地电阻测量仪
    C. 样板   D. 万用表

19. 用于电力线路上的电器设备是（   ）。
    A. 金具   B. 集箱
    C. 断路器   D. 叶栅

20. 下列许可资格中,可从事 GCD 级压力管道安装的是（   ）。
    A. GA1 级压力管道安装许可资格
    B. GC1 级压力管道安装许可资格
    C. GB2 级压力管道安装许可资格
    D. A 级锅炉安装许可资格

二、**多项选择题**（共 10 题,每题 2 分。每题的备选项中,有 2 个或 2 个以上符合题意,至少有 1 个错项。错选,本题不得分;少选,所选的每个选项得 0.5 分）

21. 关于高强度螺栓连接的说法,正确的有（   ）。
    A. 螺栓连接前应进行摩擦面抗滑移系数复验
    B. 不能自由穿入螺栓的螺栓孔可用气割扩孔
    C. 高强度螺栓初拧和终拧后要做好颜色标记
    D. 高强度螺栓终拧后的螺栓露出螺母 2~3 扣
    E. 扭剪型高强度螺栓的拧紧应采用扭矩法

22. 光伏设备及系统调试主要包括（   ）。
    A. 光伏组件串测试   B. 跟踪系统调试
    C. 定日镜角度调试   D. 升压变电系统调试
    E. 逆变器调试

23. 冷箱结构安装时,应重点控制箱体的中心线和垂直度,检查（   ）。
    A. 立柱中心距偏差
    B. 每层箱体的顶面标高和同层箱体顶面高差
    C. 同层箱体上平面对角线差
    D. 相邻箱板接头错位
    E. 冷箱总体高度和总体垂直度

24. 关于入侵报警系统工程设计规定的说法,错误的有（   ）。
    A. 建筑物地面层与顶层的出入口、外窗宜设置入侵探测器
    B. 重要通道及出入口必须设置入侵探测器和紧急报警装置
    C. 重要部位宜设置入侵探测器,财务出纳室、重要物品库房应设置入侵探测器和紧急报警装置
    D. 周界宜配合周界入侵探测器设置监控摄像机
    E. 建筑物内重要部位可以不设置监控摄像机

25. 大、中型地面光伏发电站的发电系统宜采用（　　）。
   A. 单级汇流系统　　　　　　　　　B. 多级汇流系统
   C. 集中逆变系统　　　　　　　　　D. 分散逆变系统
   E. 集中并网系统

26. 施工方案的编制内容包括（　　）。
   A. 编制依据　　　　　　　　　　　B. 施工材料清单
   C. 施工进度计划　　　　　　　　　D. 施工方法及工艺要求
   E. 质量安全环境保证措施

27. 关于安全风险评价结果的说法，正确的有（　　）。
   A. Ⅱ级为可忽略风险　　　　　　　B. Ⅰ级为可容许风险
   C. Ⅲ级为中度风险　　　　　　　　D. Ⅳ级为重大风险
   E. Ⅴ级为不容许风险

28. 机电工程施工进度计划安排中的制约因素有（　　）。
   A. 工程实体现状　　　　　　　　　B. 设备材料进场时机
   C. 机电安装工艺规律　　　　　　　D. 施工作业人员配备
   E. 施工监理方法

29. 工业安装工程中的单位工程完工后，由建设单位负责人组织（　　）进行验收。
   A. 施工单位项目负责人　　　　　　B. 施工单位技术负责人
   C. 监理工程师　　　　　　　　　　D. 监理单位项目负责人
   E. 设计单位项目负责人

30. 关于机电工程保修与回访的说法，正确的有（　　）。
   A. 电气管线、给水排水管道、设备安装工程的保修期为2年
   B. 项目部应针对项目投产运行后的危险程度编制回访计划
   C. 按有关规定，工程保修期结束后，施工单位方可进行工程回访
   D. 回访中发现的施工质量问题，如已超出保修期，也必须迅速处理
   E. 建设工程的保修期自竣工验收合格之日起计算

三、实务操作和案例分析题（共5题，（一）、（二）、（三）题各20分，（四）、（五）题各30分）

（一）

背景资料：

某安装公司承接一大型商场的空调工程，工程内容有：空调风管、空调供回水、开式冷却水等系统的钢制管道与设备施工，管材及配件由安装公司采购。设备有：离心式双工况冷水机组2台，螺杆式基载冷水机组2台，24台内融冰钢制蓄冰盘管，146台组合式新风机组，均由建设单位采购。

项目部进场后，编制了空调工程的施工技术方案，主要包括施工工艺与方法、质量技术要求和安全要求等。方案的重点是隐蔽工程施工、冷水机组吊装、空调水管的法兰焊接、空调管道的安装及试压、空调机组调试与试运行等操作要点。

质检员在巡视中发现空调供水管的施工质量不符合规范要求（图1），通知施工作业人员整改。

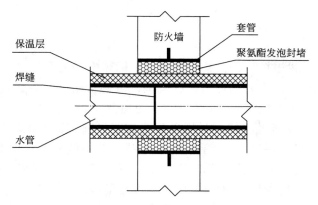

图 1 空调供水管穿墙示意图

空调供水管及开式冷却水系统施工完成后,项目部进行了强度和严密性试验,施工图中注明空调供水管的工作压力为 1.3MPa,开式冷却水系统工作压力为 0.9MPa。

在试验过程中,发现空调供水管个别法兰连接处和焊缝处有渗漏现象,施工人员及时返修后,重新试验未发现渗漏。

问题:

1. 空调工程的施工技术方案编制后应如何组织实施交底?重要项目的技术交底文件应由哪个施工管理人员审批?
2. 图 1 中存在的错误有哪些?如何整改?
3. 计算空调供水管和冷却水管的试验压力。试验压力最低不应小于多少兆帕?
4. 试验过程中,管道出现渗漏时严禁哪些操作?

（二）

背景资料：

某建设单位新建一风电场工程，某安装公司中标风电场的升压站工程，签订固定总价合同后，分析承、发包人的主要责任，工程范围，合同价格，变更方式，违约责任，计价方法，价格补偿条件，制定应对风险的对策，并分解落实合同任务。

安装公司进场后，按照批准的临时用电施工方案，进行施工现场临时用电系统安装，在交接验收时，监理工程师在总配电箱内测得PE排（接地线）的接地电阻值为15Ω，N排（中性线）与总配电箱金属外壳的绝缘电阻为0Ω，验收不合格，安装公司整改后通过验收。

临时用电工程通电时，测量总配电箱内A相线缆的电流，电流测量线路如图2所示，A相电流经核算分析，符合要求，通电试运行合格。

升压站工程竣工后，安装公司递交了竣工资料及质量保修书，保修书明确了工程概况，保修内容，设备使用管理要求，保修单位名称、地址、电话、联系人。建设单位提出保修书主要内容不全，要求补充。

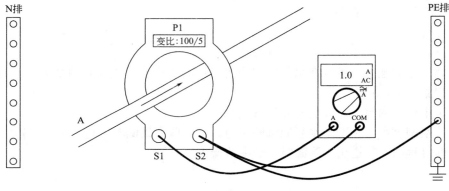

图2 电流测量线路示意图

问题：

1. 在合同分析时，安装公司还应重点分析哪些内容？
2. 临时用电系统验收时，总配电箱内存在哪几个不合格项？说明整改后的合格要求。
3. 根据图2，计算A相电流。电流表属于哪种类型的电工测量仪表？
4. 安装公司递交的工程质量保修书还需补充哪些主要内容？

（三）

背景资料：

某安装公司承接一项柴油加氢装置压缩单元扩建工程。工程内容包括压缩机组、桥式起重机、工艺管道、电气自动化仪表等安装。

压缩机组由机身、中体、气缸、曲轴、活塞、中间冷却器、缓冲罐、管道等组成。属于压力容器的中间冷却器、缓冲罐安装在厂房一层，压缩机本体安装在厂房二层。压缩机组散件到货，单件最大重量为9.6t。

工程开工后，安装公司编制了压缩机组吊装运输专项施工方案，因厂房内检修用桥式起重机不能满足机组部件吊装要求，采用了在设备吊装上设置吊点，由卷扬机-滑轮组系统提升机组部件至二层平台，利用搬运小坦克配合手拉葫芦牵引设备部件至基础，再用千斤顶就位的起重运输工艺方法。

压缩机初步找正合格后，作业人员采用双表法进行联轴器对中找正。百分表安装后两轴同时转动，根据百分表读数计算轴向、径向偏差。联轴器找正示意图及轴向、径向偏差如图3所示。联轴器找正用百分表检定合格在有效期内。

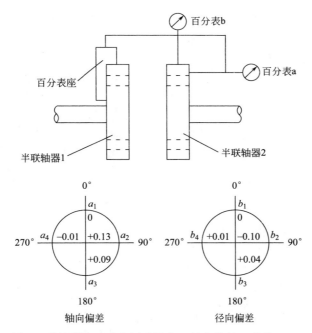

图3 联轴器找正示意图及轴向、径向偏差（单位：mm）

压缩机组润滑系统油循环前，技术员在进行工艺检查时，发现系统油管路上漏装1支热电偶。在润滑系统油循环过程中，回油管视镜显示系统回油不畅，经分析处理后排除故障。

问题：

1. 压缩机组的中间冷却器、缓冲罐安装是否需要办理施工告知？说明理由。
2. 压缩机组部件吊装运输是否属于超过一定规模的危险性较大的分部分项工程？说明

理由。
3. 根据图 3 中的轴向偏差、径向偏差分析百分表读数是否正常？说明理由。
4. 分析压缩机组油循环时润滑系统油管道回油不畅的主要原因，应如何处理？

（四）

背景资料：

安装公司中标某酒店的更新改造工程，承包范围包括通风空调和电气系统节能改造、消防和智能化系统提升改造。工程采用固定总价合同，签约合同价为3000万元。施工图要求空调冷冻水、热水管道保温采用闭孔橡塑管壳保温材料的参数：导热系数≤0.033W/(m·K)（40℃），湿阻因子μ≥13000，氧指数≥43，烟密度等级≤29，抗裂强度≥2.5MPa。

安装公司经测算后，给项目部下达的考核成本目标为2800万元。项目部结合工程特点、当地的资源市场价格、项目部的技术实力状况等，认真分析测算成本费用后，编制了施工成本计划，将成本计划层层分解，分解后的目标成本和计划成本见表1，项目部实施了各种成本降低措施。

空调水管道保温材料进场时，按规定做了现场取样送检，检测报告（节选）见表2，提交监理单位审查时，发现表中有错误。在对工程质量验评时，监理单位发现酒店走道吊顶内的排烟管道直接采用镀锌铁皮风管，不符合《建筑防烟排烟系统技术标准》GB 51251—2017第4.4.8条"管道的耐火极限不小于1.00h"的要求，应进行整改。

工程完成后，项目部对实际成本进行了整理（表1），最终实际成本降低率达到10%，完成了施工成本计划，并通过了建筑节能分部验收和竣工验收。

表1 施工成本分析计算表

序号	项目名称	目标成本（万元）	计划成本（万元）	实际成本（万元）	实际成本降低率
1	通风空调系统节能改造	1650	1580	1452	①
2	建造电气系统节能改造	400	360	388	
3	消防系统提升改造	350	325	②	
4	智能化系统提升改造	400	385	380	
5	合计	2800	2650		10%

表2 节能材料检测报告（节选）

委托性质：送样　　　　　　　　　　　　　　　　　　报告编号：JNBC2023××××

委托单位	某酒店×××公司			
工程名称	某酒店更新改造工程			
工程地址	××省××市××路××号		委托日期	2023-05-20
施工单位	某安装公司		报告日期	2023-05-29
样品编号	2023×××××	样品名称	柔性泡沫橡塑绝缘管	种类级别	Ⅰ类
部件生产单位	××××保温材料有限公司		数量	1000m²
工程部位	空调冷冻水、热水管道外保温			
评定依据	《柔性泡沫橡塑绝热制品》GB/T 17794—2021			

续表

参数名称	技术要求	检测值	单项结果
导热系数(40℃)/[W/(m·K)]	≤0.041	0.037	合格
检测结论 合格	所检项目合格	检测日期	2023.5.22—2023.5.29

问题：

1. 分别计算表1中①、②所代表的实际成本降低率和实际成本额。
2. 施工成本计划的编制依据包括哪些？
3. 表2中的错误项应如何改正？保温材料节能复试的检测内容还应包括哪几项？
4. 排烟风管满足耐火极限要求，可采用哪些整改措施？
5. 建筑节能分部工程验收的组织方是谁？参加单位有哪些？

（五）

背景资料：

某安装公司承接一工业项目。项目内容：设备安装、工艺管道和电气仪表安装，反应器设备参数见表3。安装公司有 GC1 级压力管道安装许可证，无压力容器安装许可证。安装公司项目部进场后，在进行设计交底时，发现反应器设备原设计不带吊耳，后与设计协商，确定了吊耳位置，由制造厂进行设备加工，并进行热处理。

表3 反应器设备参数

设备位号	设备名称	数量	设备形式	规格（mm）	重量（t）
1	一级氧化反应器	1台	卧式	φ9010×39290	639.93
2	二级氧化反应器	1台	卧式	φ9010×39990	649.96
3	环氧化反应器	1台	卧式	φ3550×47026	300.91

反应器设备吊装施工方案采用 1600t 履带起重机为主吊，80t 汽车起重机配合，同时编制了 1600t 履带起重机安拆专项施工方案，3 台设备采用相同的索具进行吊装，钢丝绳校核计算以重量最重的二级氧化反应器为例进行计算。采用的绳扣规格为：钢芯钢丝绳 φ136、φ90，纤维芯钢丝绳 φ60，吊装时均为一弯两股使用。φ136、φ90、φ60 的安全系数计算结果分别为 5.44、5.56 和 7.79。二级氧化反应器初步找平找正后（图4、图5），在地脚螺栓灌浆前，进行验收时，被监理工程师要求整改，整改后符合要求。

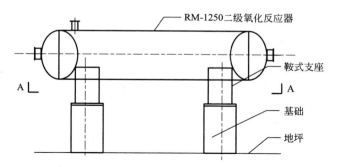

图4 二级氧化反应器安装示意图

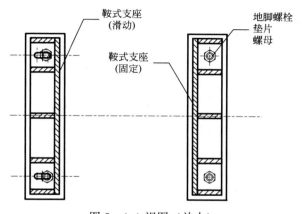

图5 A-A 视图（放大）

问题：
1. 安装公司是否可以进行压力容器的安装？说明理由。
2. 吊耳验收时应检查哪些内容？
3. 1600t 履带起重机安拆专项施工方案是否需要专家论证？说明理由。
4. 吊装施工方案中三种钢丝绳扣的安全系数能否满足规范要求？说明理由。
5. 图 4 的二级氧化反应器安装固定为什么被监理工程师要求整改？

考前冲刺试卷（二）参考答案及解析

一、单项选择题

1. D；　　2. B；　　3. D；　　4. C；　　5. B；
6. A；　　7. B；　　8. B；　　9. D；　　10. D；
11. A；　　12. B；　　13. D；　　14. C；　　15. B；
16. D；　　17. C；　　18. D；　　19. C；　　20. D。

【解析】

1. D。本题考核的是热塑性塑料的类型。热塑性材料是以热塑性树脂为主要成分，加工塑化成型后具有链状的线状分子结构，受热后软化，可以反复塑制成型，主要包括聚乙烯、聚氯乙烯、聚丙烯、聚苯乙烯等。D 选项属于热固性塑料。

2. B。本题考核的是建材设备的分类。浮法玻璃生产线主要的工艺设备有：玻璃熔窑、锡槽、退火窑及冷端的切装系统。其中，锡槽是浮法玻璃生产的关键设备，也是成型设备。

3. D。本题考核的是施工过程控制测量的基本要求。设备安装时，高程控制的水准点可由厂区给定的标高基准点引测至稳固的建筑物或主要设备的基础上。

4. C。本题考核的是手拉葫芦的使用要求。A 选项说法错误，当采用多台葫芦起重同一工件时，单台葫芦的最大载荷不应超过其额定载荷的 70%，而不是 80%。

B 选项说法错误，因为手拉葫芦在垂直、水平或倾斜状态使用时，施力方向应与链轮方向一致，而不是相反，以确保链条顺畅运行并避免卡链或掉链的问题。

D 选项说法错误，已经使用 3 个月以上或长期闲置未用的手拉葫芦才需要进行拆卸、清洗、检查并加注润滑油。对于存在缺件、结构损坏或机件严重磨损等情况，才需要经修复或更换后使用。因此，并不是所有使用 2 个月以上的手拉葫芦都需要直接更换。

5. B。本题考核的是焊接工艺的评定规则。按照《承压设备焊接工艺评定》NB/T 47014—2023，把焊接所有工艺参数分为重要因素、补加因素和次要因素三种。当有冲击韧性要求时，补加因素就上升为重要因素，如线能量、平焊改立焊、多道焊改为单道焊等，反之则下降为次要因素。次要因素变化则无需进行评定，如坡口形式尺寸、焊丝规格、保护气体流量等，但需要重新编制焊接工艺规程。

6. A。本题考核的是建筑热水管道系统的冲洗要求。进行热水管道系统冲洗时，应先冲洗热水管道底部干管，后冲洗各环路支管；由临时供水入口向系统供水，关闭其他支管的控制阀门，只开启干管末端支管最底层的阀门，由底层放水并引至排水系统内；观察出水口处水质变化；底部干管冲洗后再依次冲洗各分支环路，直至全系统管路冲洗完毕为止。

7. B。本题考核的是母线槽安装技术要求。室内配电母线槽的圆钢吊架直径不得小于 8mm，室内照明母线槽的圆钢吊架直径不得小于 6mm，因此 C 选项错误。

水平敷设的母线槽，每节不得少于 1 个支架，因此 B 选项正确。

母线槽的连接口不应设置在穿越楼板或墙体处，垂直穿越楼板处应设置弹簧支架，其孔洞四周应设置高度为 50mm 及以上的防水台，并采取防火封堵措施，因此 A、D 选项错误。

8. B。本题考核的是橡塑绝热材料的施工。绝热层的纵、横向接缝应错开，缝间不应有孔隙，与管道表面应贴合紧密，不应有气泡。因此 A、D 选项正确。

绝热层应满铺，表面应平整，不应有裂缝、空隙等缺陷，因此 B 选项错误。

多重绝热层施工时，层间的拼接缝应错开。因此 C 选项正确。

9. D。本题考核的是监控设备的主要输入设备安装要求。风管型传感器安装应在风管保温层完成后进行。

10. D。本题考核的是电力驱动的曳引式或强制式电梯安装工程中电梯整机验收的要求。对瞬时式安全钳，轿厢应载有均匀分布的额定载重量；对渐进式安全钳，轿厢应载有均匀分布的 125% 额定载重量。

11. A。本题考核的是气体灭火系统的调试内容。气体灭火系统的调试项目应包括模拟启动试验、模拟喷气试验和模拟切换操作试验。

12. B。本题考核的是设备安装精度的偏差控制。汽轮机、干燥机在运行中通蒸汽，温度比与之连接的发电机、鼓风机、电动机高，在对这类机组的联轴器装配定心时，应考虑温差的影响，控制安装偏差的方向。调整两轴心径向位移时，运行中温度高的一端（汽轮机、干燥机）应低于温度低的一端（发电机、鼓风机、电动机），调整两轴线倾斜时，上部间隙小于下部间隙，调整两端面间隙时选择较大值，使运行中温度变化引起的偏差得到补偿。因此 A、C、D 选项正确，B 选项错误。

13. D。本题考核的是工业管道阀门安装。当阀门与管道以法兰或螺纹方式连接时，阀门应在关闭状态下安装。以焊接方式连接时，阀门应在开启状态下安装。对接焊缝底层宜采用氩弧焊，且应对阀门采取防变形措施。

14. C。本题考核的是电动机试运行前的检查。C 选项错误，电动机的保护接地线必须连接可靠，接地线（铜芯）的截面积不小于 $4mm^2$，有防松弹簧垫圈。

15. B。本题考核的是自动化仪表管路安装要求。高压钢管的弯曲半径宜大于管子外径的 5 倍，其他金属管的弯曲半径宜大于管子外径的 3.5 倍，塑料管的弯曲半径宜大于管子外径的 4.5 倍。

16. D。本题考核的是塑料衬里施工。软聚氯乙烯板采用粘贴法施工，当胶粘剂不能满足耐腐蚀和强度要求时，应在接缝处采用焊条封焊。

17. C。本题考核的是绝热结构设置伸缩缝。A 选项错误，两固定管架间水平管道的绝热层应至少留设一道伸缩缝。

B 选项错误，设备或管道采用硬质绝热制品时，应留设伸缩缝。

D 选项错误，立式设备及垂直管道，应在支承件、法兰下面留设绝热伸缩缝。

18. D。本题考核的是 B 类计量器具。B 类计量器具的范围：

（1）安全防护、医疗卫生和环境监测方面，但未列入强制检定范围内的计量器具。

（2）生产工艺过程中非关键参数用的计量器具。

（3）产品质量的一般参数检测用的计量器具。

（4）二、三级能源计量用计量器具；企业内部物料管理用的计量器具。

D 选项属于 B 类计量器具，A、B 选项属于 A 类计量器具，C 选项属于 C 类计量器具。

19. C。本题考核的是电力线路设施的保护范围。电力线路上的电器设备包括：变压器、电容器、电抗器、断路器、隔离开关、避雷器、互感器、熔断器、计量仪表装置、配电室、箱式变电站及其有关辅助设施。

20. D。本题考核的是特种设备生产单位许可。A级锅炉安装覆盖GC2、GCD级压力管道安装，因此D选项正确。

二、多项选择题

21. A、C、D； 22. A、B、D、E； 23. B、C、D、E；
24. B、E；   25. B、D、E；   26. A、C、D、E；
27. C、D、E； 28. A、B、C、D； 29. A、D、E；
30. A、E。

【解析】

21. A、C、D。本题考核的是高强度螺栓连接。不能自由穿入螺栓的螺栓孔不得采用气割扩孔，可采用铰刀或锉刀修整螺栓孔，因此B选项说法错误。

高强度大六角头螺栓连接副施拧可采用扭矩法或转角法，因此E选项说法错误。

22. A、B、D、E。本题考核的是光伏设备及系统调试。光伏设备及系统调试主要包括光伏组件串测试、跟踪系统调试、逆变器调试、通信调试、升压变电系统调试等电气设备调试。

23. B、C、D、E。本题考核的是冷箱结构安装要求。冷箱结构安装时，应重点控制箱体的中心线和垂直度，检查每层箱体的顶面标高和同层箱体顶面高差、同层箱体上平面对角线差、相邻箱板接头错位、冷箱总体高度和总体垂直度。

24. B、E。本题考核的是入侵报警系统工程设计规定。B选项错误，重要通道及出入口宜设置入侵探测器。

E选项错误，建筑物内重要部位应设置监控摄像机。

25. B、D、E。本题考核的是光伏发电站设计要求。大、中型地面光伏发电站的发电系统宜采用多级汇流、分散逆变、集中并网系统。

26. A、C、D、E。本题考核的是施工方案的编制内容。施工方案的编制内容主要包括：工程概况、编制依据、施工安排、施工进度计划、施工准备与资源配置计划、施工方法及工艺要求、质量安全环境保证措施等。

27. C、D、E。本题考核的是安全风险评价的结果。职业健康、安全风险评价的结果一般可定性分为五级：Ⅰ级为可忽略风险；Ⅱ级为可容许风险；Ⅲ级为中度风险；Ⅳ级为重大风险；Ⅴ级为不容许风险。

28. A、B、C、D。本题考核的是内部协调管理的分类。机电工程施工进度计划安排受工程实体现状、机电安装工艺规律、设备材料进场时机、施工机具和作业人员配备等诸因素的制约，协调管理的作用是把制约作用转化成和谐有序、相互创造的施工条件，使进度计划安排衔接合理、紧凑可行，符合总进度计划要求。

29. A、D、E。本题考核的是单位（子单位）工程质量验收的程序。工业安装工程单位（子单位）工程由建设单位项目负责人组织施工单位、监理单位、设计单位等项目负责人进行验收。

30. A、E。本题考核的是机电工程保修与回访。电气管线、给水排水管道、设备安装工程的保修期为2年，因此A选项正确。

工程项目即将竣工验收时，项目部应针对项目的特点及合同的要求，编制具体工程回访计划，因此 B 选项错误。

工程回访由项目负责人，技术、质量、经营等有关方面人员组成。工程回访一般在保修期内进行，可分阶段进行，也可根据需要随时进行回访，因此 C 选项错误。

回访中发现的施工质量问题，如在保修期内要采取措施，迅速处理；如已超过保修期，要协商处理，因此 D 选项错误。

建设工程的保修期自竣工验收合格之日起计算，因此 E 选项正确。

三、实务操作和案例分析题

（一）

1. 空调工程的施工技术方案编制后应按照下列程序组织实施交底：

施工技术方案编制后，组织实施交底应在作业前进行，并分层次展开，直至交底到施工操作人员，并有书面交底资料。

重要项目的技术交底文件应由项目技术负责人审批，并在交底时到位。

2. 图 1 中存在的错误及整改如下：

（1）错误：空调供水管保温层与套管四周的缝隙使用聚氨酯发泡封堵。

整改：空调供水管保温层与套管四周的缝隙应使用不燃材料封堵。

（2）错误：穿墙套管内的管道有焊缝接口。

整改：调整管道焊缝接口位置。

3. 空调供水管的试验压力：1.3+0.5＝1.8MPa

冷却水管的试验压力：0.9×1.5＝1.35MPa

试验压力最低不应小于 0.6MPa。

4. 试验过程中，管道出现渗漏时严禁下列操作：

（1）带压紧固螺栓。

（2）带压补焊。

（3）带压修理。

（二）

1. 在合同分析时，安装公司还应重点分析的内容：工期要求和顺延及其惩罚条款，工程受干扰的法律后果，工程验收方法，索赔程序和争执的解决等。

2. 临时用电系统验收时，总配电箱内的不合格项：PE 排（接地线）的接地电阻值为 15Ω，N 排（中性线）与总配电箱金属外壳的绝缘电阻值为 0Ω。

整改后的合格要求：PE 排（接地线）的接地电阻值应不大于 10Ω；N 排（中性线）与总配电箱金属外壳的绝缘电阻值应大于 0.5MΩ。

3. （1）A 相电流计算：1×100/5＝20A

（2）电流表属于指示（B 类）仪表。

4. 安装公司递交的工程质量保修书还需补充的主要内容：保修范围、保修期限（时间、年限）、保修情况记录（空白）、保修说明。

（三）

1. 压缩机组的中间冷却器、缓冲罐安装需要办理施工告知。

理由：中间冷却器、缓冲罐为压力容器，属于特种设备，施工前应办理施工告知。

2. 压缩机组部件吊装运输不属于超过一定规模的危险性较大的分部分项工程。

理由：卷扬机配合滑轮组、手拉葫芦为非常规起重，单件最大起重量达到9.6t，未超过10t的规定，不属于超过一定规模的危险性较大的分部分项工程。

3. 凸缘联轴器装配，应使两个半联轴器的端面紧密接触，两轴心的径向和轴向位移不应大于0.03mm。

轴向偏差：$(0+0.09)/2=0.045$mm，$[0.13-(-0.01)]/2=0.07$mm，均大于0.03mm，轴向百分表读数不正常。

径向偏差：$0+0.04=0.04$mm，$0.01-(-0.10)=0.11$mm，均大于0.03mm，径向百分表读数不正常。

4. 压缩机组油循环时润滑系统油管道回油不畅的主要原因：漏装热电偶导致油温测量不准确，使油温过低影响油流动速度。

处理方式：加装热电偶，将油温加热到正常范围。

（四）

1. 通风空调系统节能改造工程实际成本降低率＝（目标成本－实际成本）/目标成本＝（1650－1452）/1650＝12%

总实际成本＝总目标成本－总实际成本降低率×总目标成本＝2800－2800×10%＝2520万元

消防系统提升改造工程实际成本＝2520－1452－388－380＝300万元

2. 施工成本计划的编制依据：

（1）工程承包合同。

（2）项目管理实施规划。

（3）项目经理与企业签订的内部目标成本责任书及有关资料。

（4）相关设计文件和可行性研究报告。

（5）已签订的分包合同（或估价书）。

（6）生产要素价格信息。

（7）类似项目的成本资料。

（8）施工成本预测资料。

3.（1）表2节能材料检测报告的错误之处及改正：

①错误之处：在节能材料检测报告表中，送检材料"柔性泡沫橡塑绝缘管"只检测了一项参数"导热系数"，与背景资料要求检测的5项参数不符合；整改：还需检测背景要求的其余4项参数。

②错误之处：在节能材料检测报告表中，送检材料"柔性泡沫橡塑绝缘管"检测的"导热系数"的规范技术要求为"≤0.041"，合同技术要求是"≤0.033"，送检技术要求是"0.037"，不符合合同要求；整改：规范技术要求"≤0.041"应修改为≤0.033。

③错误之处：在节能材料检测报告表中，单项结果和检测结论"合格"；整改：表中单

项结果和检测结论"合格"应修改为"不合格"。

④错误之处：在节能材料检测报告表中，无见证人、送检人，未盖章；整改：在节能材料检测报告表中，添加见证人、送检人，并盖上检测单位的检验专用章。

（2）保温材料节能复试的检测内容还应包括热阻、密度、吸水率。

4. 排烟风管满足耐火极限要求，可采用的整改措施：镀锌铁皮风管可采用防火风管，镀锌铁皮风管包覆岩棉加防火板（防火材料）等。

5. 建筑节能分部工程验收的组织方是总监理工程师。

参加单位有：施工单位（分包单位），设计单位，主要设备（材料）供应商。

（五）

1. 安装公司可以进行压力容器的安装，因为安装公司已经取得了 GC1 级压力管道安装许可证，根据《特种设备生产单位许可目录》，固定式压力容器安装不单独进行许可，任一级别安装资格的锅炉安装单位和压力管道安装单位均可以进行压力容器的安装。

2. 吊耳验收时应检查的内容：吊耳出厂质量证明书和检测报告，外观质量、无损检测、焊接位置和尺寸的复测。

3. 1600t 履带起重机安拆专项施工方案需要专家论证。因为履带起重机的起重量为 1600t，属于超过一定规模的危险性较大的分部分项工程，需要组织专家论证。

4. 只有 $\phi 60$ 的钢丝绳扣的安全系数满足规范要求，其他两种不满足。三种吊装绳扣都是一弯两股使用，属于捆绑绳扣，安全系数应该大于或等于 6。

5. 因为二级氧化反应器是高温工作的设备，考虑设备的热膨胀，安装时地脚螺栓应在制作底板长孔的中间，位移偏差应偏向补偿温度变化所引起的伸缩方向。所以图 4 的二级氧化反应器安装固定被监理工程师要求整改。

《机电工程管理与实务》
考前冲刺试卷（三）及解析

学习遇到问题？
扫码在线答疑

《机电工程管理与实务》考前冲刺试卷（三）

一、单项选择题（共20题，每题1分。每题的备选项中，只有1个最符合题意）

1. 关于氧化镁电缆特性的说法，错误的是（　　）。
   A. 氧化镁绝缘材料是无机物
   B. 电缆允许长期工作温度可达250℃
   C. 燃烧时会发出有毒的烟雾
   D. 具有良好的防水和防爆性能

2. 对于动力式泵，随着液体黏度增大，扬程和效率降低，轴功率增大，所以工业上有时将黏度大的液体（　　）使黏性变小，以提高输送效率。
   A. 加速　　　　　　　　　　　　B. 加压
   C. 加热　　　　　　　　　　　　D. 稀释

3. 用于风力发电塔筒同心度测量的是（　　）。
   A. 激光准直仪　　　　　　　　　B. 激光经纬仪
   C. 激光指向仪　　　　　　　　　D. 激光准直仪

4. 适用于投影面积大、重量大、提升高度相对较低场合构件的整体提升的方法是（　　）。
   A. 液压提升中的上拔式　　　　　B. 液压提升中的爬升式
   C. 缆索系统吊装　　　　　　　　D. 履带起重机吊装

5. 关于手工钨极氩弧焊所用的电极材料特性的说法，正确的是（　　）。
   A. 耐高温，但易蒸发和损耗
   B. 电子发射能力弱，但强度高
   C. 强度低，但耐磨性好
   D. 具有较强的电子发射能力，耐高温且不易蒸发和损耗

6. 在建筑管道中，薄壁不锈钢管道应采用（　　）。
   A. 焊接连接　　　　　　　　　　B. 法兰连接
   C. 螺纹连接　　　　　　　　　　D. 卡压连接

7. 关于建筑防雷与接地装置的搭接要求中，说法正确的是（　　）。
   A. 扁钢与扁钢搭接应小于扁钢宽度的2倍，且应至少两面施焊

B. 圆钢之间的搭接应不小于圆钢直径的 6 倍，且应单面施焊
C. 圆钢与扁钢搭接应不小于圆钢直径的 6 倍，且应双面施焊
D. 扁钢与钢管焊接时，应紧贴钢管表面一半，且应上下两侧施焊

8. 风机盘管机组与管道的连接，应采用（　　），连接应牢固、严密、坡向正确，金属软管及阀门均应保温。
A. 耐压值大于或等于 1.5 倍工作压力的金属或非金属柔性连接
B. 刚性连接
C. 螺栓连接
D. 承插连接

9. 通风给水排水调试检测时，中水监控系统的最低检测比例是（　　）。
A. 10%　　　　　　　　　　B. 20%
C. 50%　　　　　　　　　　D. 100%

10. 自动人行道自动停止运行时，开关断开的动作不用通过安全触点或安全电器来完成的是（　　）。
A. 过载　　　　　　　　　　B. 踏板下陷
C. 扶手带入口保护装置动作　D. 附加制动器动作

11. 下列建设工程，不用申请消防设计审查的是（　　）。
A. 政府办公楼　　　　　　　B. 城市轨道交通
C. 2000m² 中学图书馆　　　 D. 6 层住宅楼

12. 综合考虑各种因素，大型储罐选择（　　）基础较为妥当。
A. 联合　　　　　　　　　　B. 垫层
C. 沉井　　　　　　　　　　D. 框架式

13. 对管道元件的质量证明文件有异议时，下列做法正确的是（　　）。
A. 异议未解决前，不得使用
B. 可以使用，但要做好标识并可追溯
C. 管道元件压力试验合格后，可以使用
D. GC1 级管道可以使用，GC3 级管道不可以使用

14. 下列关于金属接地极的安装要求，说法错误的是（　　）。
A. 金属接地极采用镀锌角钢、镀锌钢管、铜棒或铜排等金属材料
B. 接地极分为垂直接地极和水平接地极两种
C. 接地线沟的中心线与建筑物的基础或构筑物的基础距离不小于 1m
D. 独立避雷针的接地装置与重复接地之间的距离不小于 3m

15. 当压力取源部件设置在管道的上半部，以及管道的下半部与管道水平中心线成 0°~45°夹角范围内时，其测量的参数是（　　）。
A. 气体压力　　　　　　　　B. 气体流量
C. 蒸汽压力　　　　　　　　D. 蒸汽流量

16. 考虑到设备、管道内部空间狭窄，（　　）只适用于内部结构简单的设备、管道。
A. 氯丁乳胶水泥砂浆衬里　　B. 橡胶衬里
C. 塑料衬里　　　　　　　　D. 铅衬里

17. 对防潮层和绝热层均可以适用的方法是（　　）。

A. 浇注法 B. 喷涂法
C. 捆扎法 D. 粘贴法

18. 施工企业在用的 C 类计量器具是（　　）。
A. 接地电阻测量仪 B. 弯尺
C. 焊接检验尺 D. 水平仪

19. 下列施工现场的用电行为中，允许的有（　　）。
A. 擅自迁移用电设备 B. 擅自改变用电类别
C. 擅自超过合同约定的容量用电 D. 将自备电源擅自并网

20. 检验检测机构进行监督检验的主要工作内容不包括（　　）。
A. 对出厂技术资料进行确认
B. 对制造、安装过程中涉及安全性能的项目确认核实
C. 对设备随机文件进行检查
D. 对受检单位质量管理体系运转情况进行抽查

二、多项选择题（共10题，每题2分。每题的备选项中，有2个或2个以上符合题意，至少有1个错项。错选，本题不得分；少选，所选的每个选项得0.5分）

21. 球形罐泄漏性试验分为（　　）。
A. 气密性试验 B. 氨检漏试验
C. 卤素检漏试验 D. 真空度试验
E. 氦检漏试验

22. 检查锅炉钢架中心位置和大梁间的对角线误差时需要用到的器具有（　　）。
A. 经纬仪 B. 弹簧秤
C. 水平仪 D. 钢卷尺
E. 准直仪

23. 转炉本体设备中的托圈与轴承座装配时，托圈水冷系统应做水压试验和通水试验。下列说法中，错误的有（　　）。
A. 试验压力应为工作压力的1.0倍
B. 在试验压力下稳压15min
C. 稳压后再降至工作压力，停压30min
D. 以压力不降、无渗漏为合格
E. 通水试验进出水应畅通无阻，连续通水时间不应少于24h，应无渗漏

24. 通风与空调系统安装完毕投入使用前，必须进行系统的试运行与调试，包括（　　）。
A. 严密性试验
B. 设备单机试运行与调试
C. 系统无生产负荷下的联合试运行与调试
D. 漏光法测试
E. 漏风量测试

25. 关于石油化工静设备安装测量基准要求的说法，正确的有（　　）。
A. 球形储罐以赤道线作为水平度的测量基准
B. 套管式换热器以顶层换热管的上表面作为水平度的测量基准

C. 卧式设备两侧水平方位线作为水平度的测量基准
D. 立式设备任意两条相邻的方位线作为设备垂直度的测量基准
E. 设备支座的底面作为水平度的测量基准

26. 设计交底的目的是使施工单位（   ）。
   A. 正确贯彻设计意图
   B. 加深对设计文件的理解
   C. 掌握关键工程部位的质量要求，确保工程质量
   D. 减少图纸中的差错、遗漏等
   E. 将图纸中的质量隐患与问题消灭在施工之后

27. 下列属于综合成本分析内容的有（   ）。
   A. 分部分项工程成本分析   B. 月（季）度成本分析
   C. 年度成本分析   D. 工期成本分析
   E. 成本盈亏异常分析

28. 项目部对工程分承包单位协调管理的重点内容包括（   ）。
   A. 临时设施布置   B. 甲供物资分配
   C. 质量安全制度制定   D. 作业计划安排
   E. 工程资料移交

29. 下列电气工程验收资料中，属于安全和功能检测资料的有（   ）。
   A. 照明全负荷试验记录   B. 配电柜安装记录
   C. 管线敷设记录   D. 接地干线焊接记录
   E. 大型灯具牢固性试验记录

30. 根据《建设工程质量管理条例》，建设工程在正常使用条件下，关于最低保修期限要求的说法，错误的有（   ）。
   A. 设备安装工程保修期为 2 年
   B. 电气管线安装工程保修期为 3 年
   C. 供热系统保修期为 2 个供暖期
   D. 供冷系统保修期为 2 个供冷期
   E. 给水排水管道保修期为 3 年

三、实务操作和案例分析题（共 5 题，（一）、（二）、（三）题各 20 分，（四）、（五）题各 30 分）

（一）

背景资料：

某施工单位承接某综合交通枢纽项目的机电安装工程。工程内容包括：建筑电气、建筑智能化、建筑给水排水、通风与空调、消防、防雷接地等安装。施工单位根据建设单位要求编制单位工程施工进度计划批准后进行了实施前交底。涉及的交底人员：项目负责人、计划人员、调度人员、作业班组人员及相关物资供应、安全质量管理人员。内容包括：施工进度控制重点、各专业的衔接时间点、安全技术措施要领和质量目标。

项目部根据现场实际情况，通过对影响施工质量的因素特性进行分析后，编制了母线槽安装质量预控方案，并在施工过程中加以实施。室内配电低压母线槽与重力流雨水管交

叉避让示意图见图1。

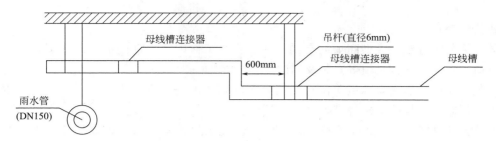

图1 室内配电低压母线槽与重力流雨水管交叉避让示意图

问题：
1. 单位工程施工进度计划实施前交底需补充什么内容？简述施工进度计划编制的要点。
2. 母线槽安装质量预控方案主要内容包括哪些？
3. 图1中母线槽安装存在什么质量问题？怎样整改？
4. 母线槽通电试运行前做什么测试及试验合格要求是什么？

(二)

背景资料：

某安装公司分包一大型商场的空调专业工程，工作内容：空调水管，空调风管及部分制冷机组，水泵，空调机组等安装及调试。

安装公司进场后，总承包单位对安装公司的施工准备、进场施工、工序交接、竣工验收、工程保修、工程款支付等进行全过程管理。

安装公司制定了工程施工进度计划，为避免施工过程中，实际进度与计划进度产生偏差，安排内部协调专员对项目施工进行调度协调。

波纹补偿器安装时，项目专业质检员巡视现场发现，装有波纹补偿器的空调水管支架安装存在质量问题（图2），要求停工整改。空调水管道安装后，施工人员进行试压、冲洗，实施管道与设备的连接。

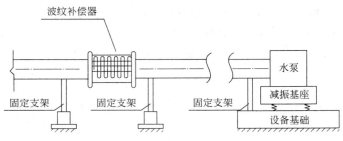

图2 空调水管支架安装示意图

问题：

1. 总承包单位对安装公司的全过程管理还包括哪些内容？
2. 内部协调专员在施工过程中，调度协调的主要内容有哪些？
3. 图2中管道支架安装存在哪些错误？波纹补偿器安装前应进行哪些工序？
4. 空调水管冲洗合格的条件有哪些？

(三)

背景资料:

A公司总包 $600 \times 10^4 m^3/d$ 天然气处理厂项目,并将丙烷制冷干燥装置的保冷工程分包给B公司。

B公司编制了管道玻璃纤维布复合胶泥涂抹结构防潮层施工技术交底单。交底单要求:雨天不得进行防潮层施工,玻璃纤维布宽度为80mm,采用螺旋形缠绕法,玻璃纤维布随第一层胶泥层边涂边贴,搭接宽度为30mm,搭接应密实,不得出现空鼓;防潮层外侧设置钢带加固。A公司检查了B公司编制的施工技术交底单,认为交底单中的技术要求存在错误,要求重新编写。

完成绝热层施工后,B公司向监理工程师发出了报检通知书,要求进行隐蔽工程验收,被监理工程师拒绝。

A公司检查管道保冷质量时(图3),发现存在质量问题,要求B公司予以整改;因整改造成工程延期2d,A公司依据合同对B公司开具了3万元的罚款单,B公司拒绝在罚款单上签字。

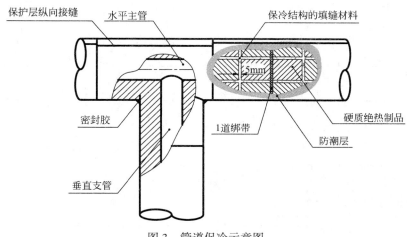

图3 管道保冷示意图

问题:

1. 对防潮层施工技术交底单中的错误之处应如何整改?
2. 隐蔽工程报检通知书应包含哪些内容?B公司的报检程序是否正确?
3. 依据图3所示,对B公司在保冷施工中的质量错误应如何整改?
4. A公司对B公司开具的罚款单是否能生效?说明理由。

（四）

背景资料：

某住宅小区建设一座热力站，小区住宅楼采用低温地板辐射供暖系统供热，该热力站内的设备、管道、电气、台控系统等安装工程由某施工单位承担，该热力站主要工艺设计参数见表1，管道均采用无缝钢管，材质为20号钢。

表1 热力站主要工艺设计参数

项目	设计压力（MPa）	供水温度（℃）	回水温度（℃）
一次网	1.6	120	60
二次网	1.6	45	35

热力站设计文件规定，管道在安装完成后以设计压力的1.5倍进行水压试验。项目部现有满足精度要求的量程分别为0~2.5MPa、0~4.0MPa、0~6.0MPa三种规格压力表。

施工单位在机组安装完毕后，根据工程实际绘制的热力站内供热机组主要设备、工艺管道系统图如图4所示。经审查发现图4中管件、压力表及温度计安装存在多处错误，要求整改。

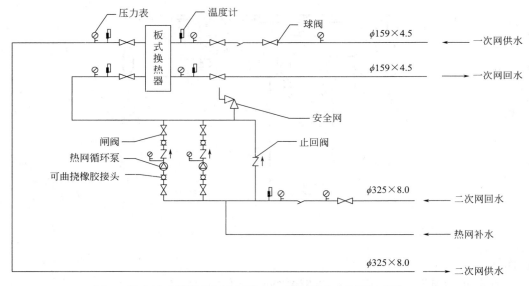

图4 热力站内供热机组主要设备、工艺管道系统图（单位：mm）

施工合同要求热力站必须在规定的供热时间投入正常运行，以保证居民的供暖。为确保热力站工程按工期完成，施工单位确定机电工程施工进度目标，建立目标控制体系，明确施工现场进度控制人员及其分工，落实各管理层进度控制任务和责任。

工程竣工后，施工单位向热力站工程的建设单位提交竣工资料时，建设单位提出施工单位应同时提交特种设备管理的有关技术资料，要求施工单位补齐相关资料。

问题：

1. 找出图4中的错误之处并写出整改措施。

2. 根据一、二次网水压试验要求,判断项目部三种规格的压力表选择哪种合适?
3. 补充完整施工单位工程施工进度控制的组织措施中还有哪些制度。
4. 工程施工进度控制措施中,除了组织措施外,还包括哪些措施?并简述其包含的制度内容。
5. 建设单位要求施工单位提交特种设备管理资料是否合理?说明理由。

（五）

背景资料：

某项目建设单位与 A 公司签订了氢气压缩机厂房建筑及机电工程施工总承包合同，工程包括：设备及钢结构厂房基础、配电室建筑施工，厂房钢结构制造、安装，一台 20t 通用桥式起重机安装，一台活塞式氢气压缩机及配套设备、氢气管道和自动化仪表控制装置安装等。经建设单位同意，A 公司将设备及钢结构厂房基础、配电室建筑施工分包给 B 公司。

钢结构厂房、桥式起重机、压缩机及进出口配管如图 5 所示。

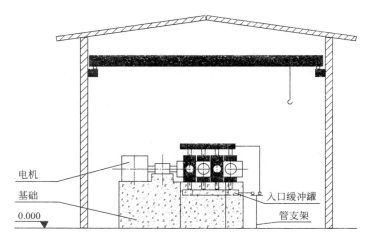

图 5　钢结构厂房、桥式起重机、压缩机及进出口配管示意图

A 公司编制的压缩机及工艺管道施工程序：压缩机临时就位→□→压缩机固定与灌浆→□→管道焊接→……→□→氢气管道吹洗→□→中间交接。

B 公司首先完成压缩机基础施工，与 A 公司办理中间交接时，共同复核了标注在中心标板上的安装基准线和埋设在基础边缘的标高基准点。

A 公司编制的起重机安装专项施工方案中，采用两根钢丝绳分别单股捆扎起重机大梁，用单台 50t 汽车起重机吊装就位，对吊装作业进行危险源辨识，分析其危险因素，制定了预防控制措施。

A 公司依据施工质量管理策划的要求和压力管道质量保证手册规定，对焊接过程的六个质量控制环节（焊工、焊接材料、焊接工艺评定、焊接工艺、焊接作业、焊接返修）设置质量控制点，对质量控制实施有效的管理。

电动机试运行前，A 公司与监理单位、建设单位对电动机绕组绝缘电阻、电源开关、启动设备和控制装置等进行检查，结果符合要求。

问题：

1. 依据 A 公司编制的施工程序，分别写出压缩机固定与灌浆、氢气管道吹洗的紧前和紧后工序。

2. B 公司标注的安装基准线包括哪两个中心线？测试安装标高基准线一般采用哪种测量仪器？

3. 在焊接材料的质量控制环节中,应设置哪些控制点?

4. A公司编制的起重机安装专项施工方案中,吊索钢丝绳断脱和汽车起重机侧翻的控制措施有哪些?

5. 电动机试运行前,对电动机安装和保护接地的检查项目还有哪些?

考前冲刺试卷（三）参考答案及解析

一、单项选择题

1. C；	2. C；	3. A；	4. A；	5. D；
6. D；	7. C；	8. A；	9. D；	10. A；
11. D；	12. B；	13. A；	14. C；	15. C；
16. A；	17. C；	18. B；	19. A；	20. C。

【解析】

1. C。本题考核的是氧化镁电缆特性。氧化镁电缆是由铜芯、铜护套、氧化镁绝缘材料加工而成的。氧化镁电缆的材料是无机物，因此 A 选项正确。

具备耐高温的优点，电缆允许长期工作温度达 250℃，短时间或非常时期允许接近铜熔点温度，因此 B 选项正确。

具备防爆、载流量大、防水性能好、机械强度高、寿命长、良好的接地性能等优点，因此 D 选项正确。

氧化镁电缆自身完全不燃烧，250℃时可连续长时间运行，1000℃极限状态下也可以保持 30min 的正常运行，同时还不会引发火源。即使在有火焰烧烤的情况下，只要火焰温度低于铜的熔点温度，火焰消除后电缆无需更换仍可继续使用。在被火焰烧烤的情况下不会产生有毒的烟雾和气体，因此 C 选项错误。

2. C。本题考核的是泵的性能参数。对于动力式泵，随着液体黏度增大，扬程和效率降低，轴功率增大，所以工业上有时将黏度大的液体加热使黏性变小，以提高输送效率。

3. A。本题考核的是激光测量仪器的应用。激光准直仪主要应用于大直径、长距离、回转型设备同心度的找正测量以及高塔体、高塔架安装过程中同心度的测量控制。

4. A。本题考核的是起重机械的常用吊装方法。液压提升分为上拔式（提升式）液压提升方法、爬升式（爬杆式）液压提升方法、集群液压千斤顶整体提升（滑移）大型设备与构件技术。上拔式（提升式）液压提升方法，适用于投影面积大、重量大、提升高度相对较低场合构件的整体提升。

5. D。本题考核的是钨极材料特性。A 选项错误，在电弧高温下不易蒸发和损耗。

B 选项错误，具有较强的电子发射能力。

C 选项错误，具有足够的强度。

6. D。本题考核的是给水系统管道常用的连接方式。卡压连接：管径小于或等于 80mm 的薄壁不锈钢管道常采用卡压连接，施工时将带有特种密封圈的承口管件与管道连接，用专用工具压紧管口而起到密封和紧固作用，施工中具有安装便捷、连接可靠及经济合理等优点。

7. C。本题考核的是接地装置的搭接要求。A 选项错误，扁钢与扁钢搭接不应小于扁钢宽度的 2 倍，且应至少三面施焊，而不是小于扁钢宽度的 2 倍，且应至少两面施焊。

B 选项错误，圆钢之间的搭接为圆钢直径的 6 倍，且应双面施焊，而不是单面施焊。

D选项错误，扁钢与钢管焊接应紧贴3/4钢管表面，而不是一半，且应上下两侧施焊。

8. A。本题考核的是通风与空调工程风机盘管安装。风机盘管机组与管道的连接，应采用耐压值大于或等于1.5倍工作压力的金属或非金属柔性连接，连接应牢固、严密，坡向正确，金属软管及阀门均应保温。

9. D。本题考核的是给水排水系统调试检测。建筑智能化给水和中水监控系统应全部检测；排水监控系统应抽检50%，且不得少于5套，总数少于5套时应全部检测。

10. A。本题考核的是自动人行道整机安装验收要求。自动扶梯（或自动人行道）无控制电压或电路接地故障及过载时必须自动停止运行。

11. D。本题考核的是消防工程验收的相关规定。具有下列情形之一的特殊建设工程，建设单位应当向本行政区域内地方人民政府住房和城乡建设主管部门申请消防设计审查，并在建设工程竣工后向消防设计审查验收主管部门申请消防验收。

（1）建筑总面积大于$1000m^2$的中小学校的教学楼、图书馆、食堂，学校的集体宿舍，劳动密集型企业的员工集体宿舍。

（2）国家工程建设消防技术标准规定的一类高层住宅建筑。

（3）城市轨道交通、隧道工程，大型发电、变配电工程。

（4）国家机关办公楼、电力调度楼、电信楼、邮政楼、防灾指挥调度楼、广播电视楼、档案楼。

D选项6层住宅楼不用申请消防设计审查。

12. B。本题考核的是设备基础的种类及应用。联合基础：由组合的混凝土结构组成，适用于底面积受到限制、地基承载力较低、对允许振动线位移控制较严格的大型动力设备基础，如轧机、铸造生产线、玻璃生产线。

沉井基础：用混凝土或钢筋混凝土制成的井筒式基础，如冶炼、石油化工工程的烟囱和火炬，发电厂的洗涤塔。

框架式基础：由顶层梁板、立柱和底层梁板结构组成的基础，适用于作为电机、压缩机等设备的基础。

垫层基础：在基底上直接填砂，并在砂基础外围设钢筋混凝土圈梁挡护填砂，适用于使用后允许产生沉降的结构，如大型储罐，因此B选项正确。

13. A。本题考核的是工业金属管道元件及材料的检验。对管道元件或材料的性能数据或检验结果有异议时，在异议未解决之前，该批管道元件或材料不得使用。

14. C。本题考核的是金属接地极的安装要求。金属接地极的安装要求：

（1）金属接地极采用镀锌角钢、镀锌钢管、铜棒或铜排等金属材料，按照一定的技术要求，通过现场加工制作而成，因此A选项说法正确。

（2）接地极分为垂直接地极和水平接地极两种，因此B选项说法正确。

（3）挖接地线沟时应根据设计要求进行；接地线沟的中心线与建筑物的基础或构筑物的基础距离不小于2m，独立避雷针的接地装置与重复接地之间的距离不小于3m，因此D选项说法正确，C选项说法错误。

15. C。本题考核的是取源部件的安装要求。测量蒸汽压力时，取压点的方位在管道的上半部，以及管道的下半部与管道水平中心线成0°~45°夹角的范围内。

16. A。本题考核的是衬里防腐施工方法。氯丁乳胶水泥砂浆衬里：考虑到设备、管道内部空间狭窄，只适用于内部结构简单的设备、管道。

17. C。本题考核的是设备及管道绝热工程施工方法。A、B、C、D 选项均属于绝热层施工的方法，C 选项属于防潮层施工的方法，因此对防潮层和绝热层均可以适用的方法是捆扎法。

18. B。本题考核的是 C 类计量器具的范围。C 类计量器具范围包括：钢直尺、木尺、弯尺、样板、5m 以下的钢卷尺等；非标准计量器具，如垂直检测尺、游标塞尺、对角检测尺、内外角检测尺等。A 选项属于 A 类计量器具，C、D 选项属于 B 类计量器具。

19. A。本题考核的是用电安全规定。用户用电不得危害供电、用电安全和扰乱供电、用电秩序。施工单位在施工过程中应遵守用电安全规定，不允许有以下行为：

（1）擅自改变用电类别。

（2）擅自超过合同约定的容量用电。

（3）擅自超过计划分配的用电指标。

（4）擅自使用已经在供电企业办理暂停使用手续的电力设备，或者擅自启用已经被供电企业查封的电力设备。

（5）擅自迁移、更动或者擅自操作供电企业的用电计量装置、电力负荷控制装置、供电设施以及约定由供电企业调度的用户受电设备。

（6）未经供电企业许可，擅自引入、供出电源，或者将自备电源擅自并网。

在工程施工现场，将用电设备从一个地方移到另一个地方，这是施工现场允许的用电行为，因此 A 选项符合题意要求。

20. C。本题考核的是特种设备监督检验的主要工作内容。特种设备监督检验的主要工作内容：

（1）对制造、安装过程中涉及安全性能的项目确认核实：如焊接工艺、焊工资格、力学性能、化学成分、无损探伤、载荷试验、出厂编号等重要项目，因此 B 选项正确。

（2）对出厂技术资料进行确认，因此 A 选项正确。

（3）对受检单位质量管理体系运转情况进行抽查，因此 D 选项正确。

二、多项选择题

21. A、B、C、E； 22. B、D； 23. A、B；
24. B、C； 25. A、B、C、D； 26. A、B、C、D；
27. A、B、C； 28. A、B、C、E； 29. A、E；
30. B、E。

【解析】

21. A、B、C、E。本题考核的是球形罐泄漏性试验。球形罐泄漏性试验分为气密性试验、氨检漏试验、卤素检漏试验和氦检漏试验。

22. B、D。本题考核的是钢架安装找正。用弹簧秤配合钢卷尺检查锅炉钢架中心位置和大梁间的对角线误差；用经纬仪检查立柱垂直度；用水准仪检查大梁水平度和挠度，板梁挠度在板梁承重前、锅炉水压前、锅炉水压试验上水后及放水后、锅炉整套启动前进行测量。

23. A、B。本题考核的是转炉本体设备中的托圈与轴承座装配。A 选项错误，试验压力应为工作压力的 1.25 倍。

B 选项错误，在试验压力下稳压 10min。

24. B、C。本题考核的是通风与空调工程施工规定。通风与空调系统安装完毕投入使用前，必须进行系统的试运行与调试，包括设备单机试运行与调试、系统无生产负荷下的联合试运行与调试。

25. A、B、C、D。本题考核的是石油化工静设备安装测量基准要求。E 选项错误，设备支座的底面应作为安装标高的测量基准。

26. A、B、C、D。本题考核的是设计交底的目的。设计交底的目的是使施工单位正确贯彻设计意图，加深对设计文件的理解，掌握关键工程部位的质量要求，确保工程质量。也为了减少图纸中的差错、遗漏等，将图纸中的质量隐患与问题消灭在施工之前，使设计图纸更符合施工现场的具体要求，避免返工。

27. A、B、C。本题考核的是综合成本分析内容。综合成本分析的内容包括：分部分项工程成本分析、月（季）度成本分析、年度成本分析、竣工成本的综合分析。

28. A、B、C、E。本题考核的是项目部对工程分承包单位协调管理的重点内容。项目部对工程分承包单位协调管理的重点内容包括：
（1）施工进度计划安排、临时设施布置。
（2）甲供物资分配、资金使用调拨。
（3）质量安全制度制定、重大质量事故和重大工程安全事故的处理。
（4）竣工验收考核、竣工结算编制和工程资料移交。

29. A、E。本题考核的是建筑安装工程单位（子单位）工程质量验收评定合格的标准。电气工程的安全和功能检测资料有照明全负荷试验记录，大型灯具牢固性试验记录，避雷接地电阻测试记录，线路、插座、开关接地检验记录。

30. B、E。本题考核的是保修期限。根据《建设工程质量管理条例》的规定，建设工程中安装工程在正常使用条件下的最低保修期限为：
（1）建设工程的保修期自竣工验收合格之日起计算。
（2）电气管线、给水排水管道、设备安装工程保修期为 2 年。
（3）供热和供冷系统为 2 个供暖期、供冷期。
（4）其他项目的保修期由发包单位与承包单位约定。
建设工程在保修范围和保修期限内发生质量问题的，施工单位应当履行保修义务，并对造成的损失承担赔偿责任。

三、实务操作和案例分析题

（一）

1. 单位工程施工进度计划实施前交底需补充：
施工用人力资源和物资供应保障情况、各专业（含分包方）的分工和衔接关系。
施工进度计划编制的要点：
（1）编制的机电工程施工进度计划在实施中能控制和调整，便于沟通协调，使工期、资源、费用等目标获得最佳的效果，应能最大限度地调动积极性，发挥投资效益。
（2）确定机电工程项目的施工顺序，要突出主要工程，要满足先地下后地上、先干线后支线等施工基本顺序要求，满足质量和安全的需要，注意生产辅助装置和配套工程的安排，满足用户要求。

(3) 确定各项工作的持续时间,计算出工程量,根据类似施工经验,结合施工条件,加以分析对比及进行必要的修正,最后确认各项工程的持续时间。

(4) 在确定各项工作的开竣工时间和相互搭接协调关系时,应分清主次、抓住重点,优先安排工程量大的工艺生产主线,工作安排时要保证重点,兼顾一般。

(5) 编制施工进度计划时,应满足连续均衡的施工要求,使资源得到充分的利用,提高生产率和经济效益。

(6) 施工进度计划安排中留出一些后备工程,以便在施工过程中作为平衡调剂使用。考虑各种不利条件的限制和影响,为施工进度计划的动态控制做准备。

2. 母线槽安装质量预控方案主要内容包括三部分:

母线槽工序(过程)名称、可能出现的质量问题、提出的质量预控措施。

3. 图1中母线槽安装存在的质量问题及整改:

(1) 质量问题:中间段的母线槽没有设置吊架。

整改:每节母线槽不得少于1个支架。

(2) 质量问题:吊杆直径为6mm。

整改:图中给出的是配电母线槽,吊杆直径不小于8mm。

(3) 质量问题:吊杆设在连接器处。

整改:固定点位置不应设置在母线槽的连接处或分接单元处。

(4) 质量问题:拐弯处未增设支架。

整改:距拐弯0.4~0.6m处应增设支架。

4. 母线槽通电试运行前做:母线槽的金属外壳应与外部保护导体完成连接,且完成母线绝缘电阻测试和交流工频耐压试验。

试验合格要求是:母线槽绝缘电阻值不应小于0.5MΩ。

(二)

1. 总承包单位对安装公司的全过程管理还应包括:技术、质量、安全、进度的管理。

2. 内部协调专员主要对项目的执行层(包括作业人员)在施工中所需生产资源需求、作业工序安排、计划进度调节等实行即时调度协调。

3. 图2中管道支架安装存在的错误如下:

(1) 错误一:补偿器两端都设置固定支架,其中一端应设置导向支架。

(2) 错误二:水泵出口管道固定支架的固定点未设置在减振基座上。

波纹补偿器安装前应进行预拉伸或预压缩。

4. 空调水管冲洗合格的条件:

目测排出口的水色和透明度与入口的水对比应相近,且无可见杂物。当系统继续运行2h以上,水质保持稳定后,方可与设备相贯通。

(三)

1. 防潮层施工技术交底单中的错误之处及整改如下:

(1) 错误之处:玻璃纤维布搭接宽度为30mm。

整改:玻璃纤维布的搭接宽度不应小于50mm。

(2) 错误之处:玻璃纤维布宽度为80mm。

整改：玻璃纤维布宽度为120~350mm。

（3）错误之处：防潮层外侧设置钢带加固。

整改：防潮层外侧不得设置钢丝、钢带等硬质捆扎件。

2. 隐蔽工程报检通知书内容：隐蔽验收的内容，隐蔽方式（方法），验收时间，验收地点（部位）。

在工程具备隐蔽条件时，施工单位进行自检，并在隐蔽前48h以书面形式通知建设单位（监理单位）或工程质量监督、检验单位进行验收。因此，B公司报检程序不正确。

3. B公司在保冷施工中的质量错误及整改如下：

（1）错误之处：水平管道保护层纵向接缝布置位置不对。

整改：水平管道保护层纵向接缝布置位置在水平中心线下方的15°~45°处。

（2）错误之处：每块绝热制品上的绑扎件为1道绑带。

整改：每块绝热制品上的绑扎件数量不得少于2道。

（3）错误之处：保冷结构接缝为5mm。

整改：硬质或半硬质绝热制品的拼缝宽度，当作为保冷层时，不应大于2mm。

4. A公司对B公司开具的罚款单能生效，理由：A公司依据合同可以对B公司开具罚款单。

（四）

1. 图4中的错误之处及整改措施如下：

（1）错误之处：二次网供水管道上压力表和温度计安装错误。

整改措施：压力表应该安装在温度计的上游部位。

（2）错误之处：温度计安装在球阀、闸阀及热网循环泵附近错误。

整改措施：温度计应安装在温度介质变化灵敏及具有代表性的地方，不宜安装在阀门等阻力部件的附近。

（3）错误之处：可曲挠橡胶接头安装在止回阀后错误。

整改措施：应安装在热网循环泵出口处。

（4）错误之处：二次网回水安全阀安装错误。

整改措施：二次网回水安全阀应安装在水泵总出水管上。

2. 一、二次管网水压试验压力为$1.6 \times 1.5 = 2.4$MPa。

压力表的满刻度值应为被测最大压力的1.5~2倍，即$2.4 \times 1.5 = 3.6$MPa，$2.4 \times 2 = 4.8$MPa，选用的压力表满刻度值应为3.6~4.8MPa。

所以，选择0~4.0MPa的压力表合适。【还要考虑精度、准确度问题】

3. 施工单位工程施工进度控制的组织措施中还有以下制度：

（1）建立工程进度报告制度，建立进度信息沟通网络，实施进度计划的检查分析制度。

（2）建立施工进度协调会议制度，包括协调会议举行的时间、地点、参加人员等。

（3）建立机电工程图纸会审、工程变更和设计变更管理制度。

4. （1）施工进度控制措施中，除了组织措施外，还包括：技术措施、合同措施、经济措施。

（2）技术措施包含的制度内容：

① 为实现计划进度目标，优化施工方案，分析改变施工技术、施工方法和施工机械的

可能性。

② 审查分包单位提交的进度计划，使分包单位能在满足总进度计划的状态下施工。

③ 编制施工进度控制工作细则，指导项目部人员实施进度控制。

④ 采用网络计划技术及其他适用的计划方法，并结合计算机的应用，对机电工程进度实施动态控制。

（3）合同措施包含的制度内容：

① 协调合同工期与进度计划之间的关系，保证进度目标的实现；施工前与各分包单位签订施工合同，规定完工日期及不能按期完成的惩罚措施等。

② 合同中要有专用条款，防止因资金问题而影响施工进度，充分保障劳动力、施工机具、设备、材料及时进场。

③ 严格控制合同变更，对各方提出的工程变更和设计变更，应严格审查后再补入合同文件之中。

④ 在合同中应充分考虑风险因素及其对进度的影响，以及相应的处理方法。

⑤ 加强索赔管理，及时向建设单位进行索赔。

（4）经济措施包含的制度内容：

① 在工程预算中考虑加快施工进度所需的资金，编制资金需求计划，满足资金供给，保证施工进度目标所需的工程费用等。

② 施工中及时办理工程预付款及工程进度款支付手续。

③ 对应急赶工给予优厚的赶工费用，对工期提前给予奖励，对工程延误收取误期损失赔偿金。

5. 建设单位要求施工单位提交特种设备管理资料合理。

理由：最高工作压力大于或者等于0.1MPa，介质最高工作温度高于或者等于标准沸点的液体，且公称直径大于或者等于50mm的管道属于压力管道。背景中一次网设计压力为1.6MPa，输送的是120℃的热水，且公称直径为159mm，属于特种设备中的压力管道。所以建设单位要求施工单位提交特种设备管理资料是合理的。

（五）

1. 依据A公司编制的施工程序，压缩机固定与灌浆、氢气管道吹洗的紧前和紧后工序如下：

（1）压缩机固定与灌浆的紧前工序是：压缩机找平找正；紧后工序是：压缩机连接氢气管道。

（2）氢气管道吹洗的紧前工序是：氢气管道压力试验；紧后工序是：压缩机空负荷试运行。

2. B公司标注的安装基准线包括：纵向中心线、横向中心线。

测试安装标高基准线一般采用的测量仪器是水准仪。

3. 在焊接材料的质量控制环节中，应设置的控制点包括：焊材的采购、验收（复验）、保管、烘干及恒温存放、发放与回收。

4. （1）A公司编制的起重机安装专项施工方案中，吊索钢丝绳断脱的控制措施有：吊索钢丝绳或卸扣的安全系数满足规范要求；钢丝绳吊索捆扎起重机大梁直角处加钢制半圆护角。

（2）A公司编制的起重机安装专项施工方案中，汽车起重机侧翻的控制措施有：严禁超载（违章作业）；支腿接触地面平整，地耐力满足要求，支腿稳定性好。

5. 电动机试运行前，对电动机安装和保护接地的检查项目还包括：

（1）检查电动机安装是否牢固、地脚螺栓是否拧紧。

（2）检查电动机的保护接地线连接是否可靠，接地线（铜芯）的截面积不小于 $4mm^2$，有防松弹簧垫片。